赵致真 / 主编

望远镜里看星空

[苏] P. 克卢尚采夫 / 著

高洁 / 译

卞毓麟 / 审校

长江出版传媒

长江少年儿童出版社

图书在版编目（CIP）数据

望远镜里看星空 /（苏）P. 克卢尚采夫著；高洁译. -- 武汉：长江少年儿童出版社，2025.1. --（北极熊科普佳作丛书 / 赵致真主编）. -- ISBN 978-7-5721-5404-1

Ⅰ. P1-49

中国国家版本馆 CIP 数据核字第 20248TS508 号

北极熊科普佳作丛书·望远镜里看星空
BEIJIXIONG KEPU JIAZUO CONGSHU · WANGYUANJING LI KAN XINGKONG

出 品 人：	何 龙
策 划：	何少华　傅 箎　谢瑞峰
责任编辑：	罗 曼
责任校对：	邓晓素
出版发行：	长江少年儿童出版社
业务电话：	027-87679199
网 址：	http://www.cjcpg.com
承 印 厂：	武汉精一佳印刷有限公司
经 销：	新华书店湖北发行所
规 格：	720 毫米 ×970 毫米　16 开
印 张：	5
字 数：	104 千字
版 次：	2025 年 1 月第 1 版
印 次：	2025 年 1 月第 1 次印刷
书 号：	ISBN 978-7-5721-5404-1
定 价：	27.00 元

本书如有印装质量问题，可联系承印厂调换。

编撰人员

策　　划：雷元亮　武际可

顾　　问：卞毓麟　金振蓉　尹传红

主　　编：赵致真

编委会

战　钊　胡珉琦　陈　静　傅　篯

彭永东　张　戟　梁　伟　高淑敏

武汉广播电视台《科技之光》

前 言

老人在外面遇到好吃的东西,总想带回去给孩子们尝尝。如果碰巧遇到自己小时候最喜爱的美食,而且市面上已经多年罕见,就更会兴奋不已和留恋不舍——我这几年来忙着张罗出版"北极熊科普佳作丛书",心情便大抵如此。

1956年,我在武汉市第二十一中学读初中,每天下午4点放学后,便急急赶到对面的武汉图书馆。阅读的内容丰富而单纯,全是清一色的苏联科普读物。管理员阿姨也对我这个痴迷的小读者另眼相看,总能笑眯眯地把我前一天没读完的书取过来。每逢当月的《知识就是力量》《科学画报》出版,或者图书馆进了新书,管理员阿姨便拿给我先睹为快。正是其中的苏联科普作品,开阔了我少年时的眼界和心胸,启发了我最早的疑问和思考,培养了我对科学终生的兴趣和热爱。我对苏联科普作品的"情结"是其来有自的。

有次和叶永烈老师闲聊,原来他也曾经是苏联科普大师伊林和别莱利曼的忠实粉丝。后来我才知道,我国的科普前辈高士其、董纯才、陶行知、顾均正等,无不深受苏联科普作品的熏染。饮水思源,寻根返本,正是苏联科普作品哺育过中国一代科普人。

此后随着世事变迁,苏联科普作品在中国几乎销声匿迹了。待到改革开放,我们科普出版界的主要兴趣和目光投向了美国、英国。我自己也是阿西莫夫、萨根、霍金的热烈追捧者。而苏联在1991年解体,加上我国俄语人才锐减,苏联科普作品在中国就更是清水冷灶,鲜见寡闻了。

也算是机缘巧合,当我从事科普写作需要查阅大量资料文献时,"淘书"嗜好的"主场"渐渐转到了互联网。经过多年积累,我的磁盘里已经储存了万余册电子书。出乎意料的是,我竟然通过不同方式和渠道,陆续获得了近千本苏联科普书籍,而且全是英语版。可见当年苏联多么重视国际文化交流。

久违如隔世,阔别一花甲! 我在电脑上遍览这些"倘来之宝",大有重逢故知的感慨。苏联科普作品的风格和特色我一时总结不出来,却能立刻体验到稔熟的气息和味道。这些作品大都出版于20世纪70至80年代,当时苏联和美国的科技并驾齐驱，也是苏联解体前科普创作的黄金岁月。如此重要的历史阶段，如此大量的文明成果，在中国却少有记载，无论出于怎样的阴差阳错，都是一种缺失和遗憾。

姑且不谈中国科普出版物的时代连续性和文化完整性，应该补上这个漏洞和短板，但说纠正青少年精神营养的长期偏食，提高科普图书的均衡性和多样性，也是非常必要的。在美、英科普读物之外，我们还应该展现更多的流派和传统，提供其他的参照系和信息源。

诚然，几十年间人类的科技发展一日千里，但关于科学史、科学家、科学基本原理和思想方法的书籍不会过时。我特别欣赏苏联科普作品知识性和可读性的统一：浓郁深切的人文情怀，亦庄亦谐的高尚情趣，触类旁通的广度厚度，推心掬诚的平等姿态。尤其是那些美不胜收、过目难忘的生动插图，大都出自懂得科学的著名画家之手，令人不由怀念起中国科普画家缪印堂先生。

最初我选定的"北极熊科普佳作丛书"是50本，分为"高中卷""初中卷""小学卷""学前卷"。感谢中国出版协会理事长邬书林、广电总局老领导雷元亮鼎力支持、指津解难；中国文字著作权协会帮助寻找版权人，并代为提存预支稿酬；科普界师友武际可、卞毓麟、尹传红等同心协力、出谋划策；长江少年儿童出版社何龙社长则独具慧眼、一力担当。我们决定按照"低开、广谱、彩图"的标准，首次出13册，先投石探路，再从长计议。并从封面到封底，保持原汁原味的版式，以便读者去权衡得失和斟酌损益。

在这13本小书即将付梓之际，原书作者都已去世，原出版社也消失了，连国家都解体了，作品却成为永恒的独立生命。这就是书籍的力量。

此时，我又感觉自己更像一只义不容辞的蜜蜂，在伙伴面前急切而笨拙地跳一通8字舞，来报告发现花丛的方向和路径。

赵致真

2021年8月于北京

当然，你想知道地球的终点在哪里，地球周围是什么，它离月球和星星有多远，为什么星星闪闪发光，为什么你向上扔出的球总是会掉下来，为什么夏天的阳光更热，为什么月球的形状有时圆有时弯，除了地球，还有什么其他行星。

P. 克卢尚采夫的《望远镜里看星空》，将回答所有这些问题，并且会告诉你更多。

目录

世界的尽头在哪里？ /1

星星为什么这样美？ /6

天空能被刺穿吗？ /12

太阳和月球是由什么做成的？ /15

太空中的一切靠什么支撑？ /19

为什么太阳升起和落下？ /22

为什么夏天的太阳更热？ /27

为什么月球是弯的？ /33

月球上有什么？ /35

什么是行星？ /40

你能登陆水星吗？ /45

我们会在金星上看到什么？ /48

火星上有火星人吗？ /53

木星和土星是什么样的？ /59

探索行星的更多奥秘？ /63

世界的尽头在哪里？

夏天的田野里多么美好！空气清新还带着花香，你可以看到周围数千米之遥。如果跑上一座小山，你可以看得更远：田野的尽头，波光粼粼的湖边，那片黑森林和一条蜿蜒的路。在更远的地方，还有另一片田野，也许还有更多的森林、道路、湖泊、河流和城镇。

地球真的看起来像一个巨大的平碟，不是吗？这碟子被如同巨型天花板的苍穹笼罩着。白天这个天花板是蓝色的，晚上它是黑色的，星星在其间闪耀，仿佛远处的灯光。

剧院的天花板很大，而天空当然是无限宽广。

天花板看起来像一个大圆顶，边缘和平碟交会，如果你沿着一个方向在地球上旅行很长的路，你很可能会到达"天地交会"的地方。在《神驼马》的故事中，情况就是这样发生的：

或近或远，或高或低，
他们如何旅行，我不知道……
只是，兄弟们，我确实听到了
（虽然只是间接的）

神驼马来到天地相接的地方；
在那里，农家姑娘，纺亚麻纱，
把云彩当成拉线架。
告别大地母亲，伊万骑上云霄；
他像个王子，骄傲地飞过天空，
帽子歪斜。

如果这真的可能的话，你只需要一直往前走，或者翻过一座小山，或者跳过一条沟渠，然后走过云层。你会从高处欣赏森林和田野，并试图在其中找到你的家。

但很遗憾，这并不可能，尽管很久以前人们认为这是可能的。他们非常当真地相信，天空是一个倒扣着的大碗，地球是一个巨大的碟子，它的边缘就像任何其他碟子一样。

当然，他们对"世界边缘"之外和"天空另一边"的东西非常好奇。但无论人们走多远，他们都无法看到"世界的边缘"，即使是在远处。于是人们认为他们居住其上的碟子非常大。它的边缘大概在高山森林和大海之外的某个非常遥远的地方，没有神驼马是很难到达的。

然而，人们仍然非常好奇。他们推理说，每个碟子都需要支撑物。碟子不能悬在空中。这太荒谬了！所以，地球一定是在什么东西之上的。

但它是靠什么支撑的？这个却无从得知。

除此之外，更令人困惑的是，有时会发生地震。大地震动，群山崩裂，巨浪席卷岸边。

人们认为，地球很可能在某种强大的巨型怪物的背上。怪物们睡着的时候一切都还好，可一旦当它们苏醒开始活动，就会产生地震。他们做出判断，认为地球位于三只巨大的鲸鱼之上，因为世界上没有比鲸鱼更大的东西。但是如果地球位于鲸鱼身上，那么鲸鱼又位于什么之上？人们告诉自己，鲸鱼在海洋中游泳。鲸鱼总是在海里游泳。

但是海洋位于什么之上呢？

地球。

然后地球又位于鲸鱼之上？

总有什么地方不对劲。这就像鸡和蛋的故事一样，没有尽头。

于是人们开始说："地球位于三头鲸鱼之上，仅此而已。如果这对你来说还不够，那你自己去找答案。"

不管这些故事在我们今天看来多么可笑，人们还是相信了它们。毕竟，没有人知道事实究竟是怎样，也没有人可以去问。

在古代，人们无法在地球上远距离旅行。没有公路，没有汽车，也没有轮船，

更不用说火车和飞机了。这就是为什么没有人设法到达"世界的边缘",去看看关于鲸鱼的故事是否属实。

但是,人们逐渐开始旅行。他们骑着骆驼越走越远,乘着大船渡过江河海洋。

为了不迷路,旅行者不再只盯着脚下看,而是开始仰望天空。不然怎么能在只有水的大海或只有沙子的沙漠中找到自己的路线呢?但是从任何地方都可以看到太阳、月球和星星,包括在大海上和沙漠里。从森林中,甚至在悬崖底部,都可以看到它们。更重要的是,它们总是在正确的地方。正是在这个时候,出现了"指路明星"的说法。

太阳、月球和星星总是以同样的方式在天空中移动。例如,太阳从右到左运动,从不反向;月球从不升起后停在天上;星星从来没有跳到其他地方。日复一日,年复一年,太阳、月球和星星像时钟的指针一样稳定地在天空中旋转。

无论地球上发生了什么,无论是雷霆、狂飙还是海上的风暴,太阳、月球和星星都一如既往地在天空运动,不受任何影响。

人们认定,一定有个非常复杂和智能的机器隐藏在天空之外的某个地方。这个机器大概就像一个钟表机构,里面装有像山一样大的缓慢旋转的齿轮。这个装置平稳地转动了地球之上沉重的天空和星辰。天空一定很重。因为它是如此广阔!

要是能到"世界的边缘",冲破天际,看看那边有什么就好了!那里的东西一定非常令人着迷!

不要笑!人们真的相信天空另一边的这些"轮子"。

但不管怎样,所有人都习惯了天上永远是完美的和谐,他们完全可以依靠"天体",永远不会失望。这帮助了人们踏上很遥远的旅程。

例如,当他们日复一日地朝着落日的方向走,旅行者知道自己在朝着同一个方向前进,当然,永远不会错。

不要忘记,这一切都发生在指南针、地图或灯塔出现之前。但是当他们旅行并仰望星空时,注意到了一些奇怪的事情。有时,他们会骑着骆驼从家乡出发,长途跋涉,一直留意着某颗明亮的星星。

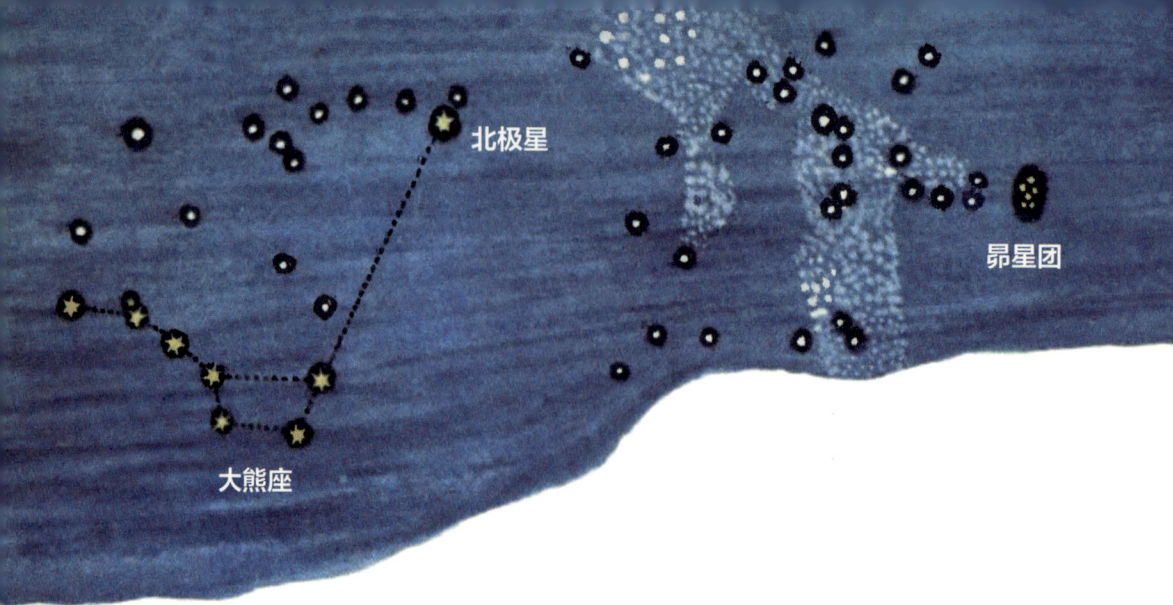

他们旅行了一天、两天……一周，发现这颗星星每晚升到地平线上方时，位置会越来越高。就好像他们不是在平坦的平原上移动，而是旅行在一座平缓倾斜的广阔山丘上，可以看到越来越远的前方。相反，当他们返程时，那颗星星却越来越低，好像他们正走下山要离开它一样。

因此，人们认为地球是曲线形的，像一个巨大的圆形面包。

奇怪的是，海水似乎也是弯曲的。这不仅被海员注意到，也被住在海岸上的人注意到。他们从岸边看着一艘出海的船，最初整艘船都在视野里，然后只能看到船帆，然后只能看到它的桅杆尖。终于，那艘船彻底消失在了视线之外，仿佛翻过了一座小山，从山的另一边下去了。

你可以很容易地在海边或湖岸上观察到这个现象。只需要水面宁静平滑。船的下部在5千米处开始消失在水中，在几十千米处完全消失。

这就是为什么最好使用双筒望远镜的原因。

那时人们很难让自己相信大海是弯曲的，因为他们习惯于认为水是平坦光滑的东西。

后来，人们逐渐认为地球不是一个扁平的碟子，而是一个半球，以某种未知的方式被海洋"覆盖"。

然而，半球也必须有边缘，但无论有多少人漂洋过海，前往最遥远的国家，即使是从远处，也没有人见过这个注定不存在的"世界的边缘"。

还有一件更令人费解的事情：每天，太阳、月球和星星都从某个地方落下来，潜入到世界边缘的后面，第二天又滑到另一边。更重要的是，它们从来没被支撑地球的支柱给卡住，星星总是在正确的地方，太阳和月球总是按时在东方升起。仿佛天体所经过的地底空间，是绝对空无一物的。

人们得出的结论是，根本没有任何支撑，地球不是一个半球而是一个球体，这个球体没有任何东西支撑，而是通过某种神奇的方式悬浮着。

如果真是这样，就很容易解开为什么地球没有边缘以及为什么太阳在晚上很容易从地球下方经过的难题。

地球另一端的人是怎么生活下去的，谁也看不明白，因为他们肯定是倒挂着的！

数百年过去了，人们学会建造可以安全穿越海洋的大型船只。人们乘着它们环游世界，终于确信地球是一个球体，并意识到地球上没有人是倒挂着生活的。地球，你看，总是在他们脚下。

现在所有的孩子都知道地球是一个球体。每个学校和几乎每个家庭都有一个地球仪。但人们一开始是多么难以猜到这一点！

星星为什么这么美？

在天色渐暗的晴朗傍晚，让我们走进一片开阔的田野或海边，那里的天空没有被房屋或树木遮挡，也没有路灯或窗灯。

看天空！有多少星星！它们看起来，像是在火热蓝天背景的深色圆顶上，用锋利的针扎出的小洞。

它们是多么的不同！它们有大有小，有蓝有黄，有的独自一个，有的则成群结队。

这些星群被称为"星座"。

几千年前，人们如同我们今日一样，仰望着繁星点点的夜空。

天空被用作指南针、时钟或日历。旅行者使用星星来寻找他们的路。通过星星，人们知道什么时候是早晨，什么时候春天会到来。

天空在生活的各个领域一直都是有用的。人们不断地观察天空，为之惊叹不已。

什么是星星？它们是怎么出现在天上的？为什么它们会像现在这样散布在天空中？什么是星座？

晚上很安静：风停了，树叶不再沙沙作响，海面变得平静。动物和人在此时都已入睡。而当你在这寂静中仰望星空时，脑海中会浮现出各种奇妙的故事。

远古的人们给我们留下了许多关于星星的故事。

你看到那边那七颗明亮的星星了吗？看起来好像在天空中以点状绘制的一个斗。我们给它们画了一张图。

在中国古代，这些星星被称为"斗"或"长柄勺子"。在有许多马的中亚，这些星星被命名为"拴马"，而在我们这个地区，它们被称为"大熊"。

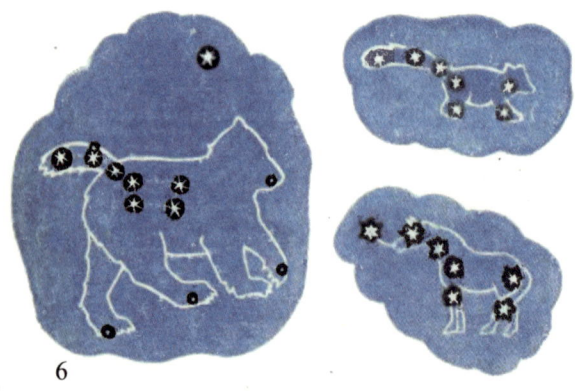 

当然，熊和北斗七星看起来不太像，但这只是因为熊的尾巴很短。

故事中任何事情都可能发生。这个是古希腊人创作的。

从前，拉奥孔国王统治着阿卡迪亚国家。他有一个女儿，名叫卡利斯托。她比世上所有的少女都美丽。就连最美丽的女神赫拉的美貌也在她身边黯然失色。女神赫拉对她的对手很生气。作为女术士，赫拉可以为所欲为。她决定把美丽的卡利斯托变成一只丑陋的熊。赫拉的丈夫——全能神宙斯，想要为软弱无力的少女求情，但为时已晚。他看到卡利斯托已经消失了。

很容易找到。

想象在天上画一条线，穿过大熊的两个端点恒星，就如我们下页的绘图所示。在连接这两颗星的延长线上，向外标注五倍两个星之间的距离，你就能找到北极星。它不是很亮，但必须记住：它指明了通往北方的道路。

在天空的另一边有一群叫作昴星团的小星星。它们一共有六个，像池塘里受惊而无助的小鸭子一样挤在一起。

很久以前，讲故事的人创作了以下关于昴星团、北极星和大熊座的传说。

从前，有七个强盗兄弟。他们听说七位少女，七位美丽、谦逊、富有爱心的姐妹住在遥远的地球尽头。七兄弟

她变成了一只毛茸茸的可怕野兽，低着头四处走动。

宙斯为美丽的少女感到难过。他抓住熊的尾巴，把它拖到天上。

他用力拖了半天，熊的尾巴被渐渐拉长了。

当他把它拖上天空后，宙斯将这只畸形的长尾熊变成了一个明亮的星座。从那时起，人们每晚都在欣赏它，并回忆起年轻美丽的卡利斯托。

北极星在大熊座附近的天空中闪耀。

她们害怕地挤在一起，每晚都胆怯地升上天空寻找她们的姐妹。

在天空的另一边，几颗小星星散落成一个半圆形，闪烁着光芒。这个星座就是北冕座。

古希腊人曾经讲述过一位名叫阿里阿德涅的美丽少女的故事。她是克里特王的女儿，爱上了一位名叫忒修斯的英勇战士，并毫不畏惧父亲的愤怒与他一起离去。但是在旅途中，忒修斯做了一个梦，神命令他离开阿里阿德涅。忒修斯不敢违抗众神的命令。他伤心地让阿里阿德涅在海边哭泣，独自前行。

听到阿里阿德涅哭泣的酒神狄俄尼索斯，娶她为妻，并封她为女神。为了让阿里阿德涅的美丽永存，他从她头上取下花冠，将其抛向天空。

当花冠飞过半空，花儿化为宝珠，升到天上，变成璀璨夺目的星星。

看着这顶星冠，人们就会想起美丽的阿里阿德涅。

决定娶她们为妻。他们骑上马，疾驰到地球的尽头，埋伏起来。当七姐妹们晚上出去散步时，遇到强盗兄弟。他们设法抓住了一个，但其他人逃跑了。

强盗们劫走了少女，但因此受到了严厉的惩罚。众神将他们变成了大熊座里的星星，并让它们守护着北极星。

如果夜色漆黑，天空晴朗，你可以看到非常靠近熊"尾巴"中间那颗星的一颗小星星。这就是那个被抢走的少女。

昴星团由其他六位少女组成。

仙王座　北极星　仙后座　仙女座　英仙座　昴星团　大熊座

然后是另一个星座。看看上页的图。这个星座有五颗星，犹如写得比较开的拉丁字母 W。它们使人们想起古代半靠在椅子上的女郎。这个星座是仙后座，周围环绕着其他三个星座：仙王座、仙女座和英仙座。

古希腊人创作了一个关于这些星座的故事。

很久很久以前，克普斯（仙王座名称的音译）国王统治着埃塞俄比亚这个国家。他有一个美丽的妻子，名叫卡西奥佩娅（仙后座的音译），她因不断炫耀自己女儿的美丽而得罪了海神波塞冬之妻安菲特里特。波塞冬一怒之下将一条可怕的巨鲸送到埃塞俄比亚海岸。

鲸鱼怎样才能得到抚慰，才能平静地离开这个可怜的国家？

智者建议克普斯将这片土地上最美丽的少女，他亲爱的女儿安德洛墨达（仙女座音译）献给鲸鱼。

国王悲痛欲绝。但是他能做什么呢？他只能不惜一切代价从可怕的鲸鱼那儿拯救他的国家。他决定牺牲自己的女儿。

安德洛墨达被带到海边，锁在悬崖上，独自一人。鲸鱼会游过来带走她。

此时在远离埃塞俄比亚的地方，勇敢的战士珀尔修斯正准备完成一项惊人的壮举。他来到了孤岛，那里住着蛇发女妖，她们是由可怕的怪物化身成的丑陋女人。她们的头上不是头发而是许多的蛇，任何看到她们的人都会恐惧地僵住并变成石头。珀尔修斯在她们睡着的时候爬到她们面前，将蛇发女妖的头目美杜莎斩首。

把砍下来的可怕头颅藏在袋子里后，他穿着神奇的带翼凉鞋从空中飞奔回家。

当他飞越埃塞俄比亚时，珀尔修斯看到美丽的安德洛墨达被锁在海边的悬崖

上，正在哭泣。

就在这时，可怕的鲸鱼朝着悬崖游去，就快要咬住安德洛墨达。

珀尔修斯扑向鲸鱼，与它搏斗了很长时间，然后向它展示美杜莎可怕的脑袋。这个无所不能的怪物惊恐地变成了石头。

鲸鱼成为埃塞俄比亚附近的一个岛屿。珀尔修斯给美丽的安德洛墨达解开锁链，并将她带到了她父亲的身边。

国王克普斯喜出望外，为了表示感谢，他将安德洛墨达嫁给了名震四海的英雄珀尔修斯。

天空中有许多星座，关于它们的故事也很多。那些聚在一起呈十字形的星星被称为天鹅座。据说这是化身白鸟飞向地球人的全能神宙斯。

那边是非常美丽的猎户座。猎户座是传说中向一头巨大野兽挥舞棍棒的勇敢猎人。

天蝎座在天空的另一边闪闪发

光。当你看着这些星星时，它们就像一只在黑暗中发光的狡猾昆虫的肢体。

星空是一本充满无数故事的书。

但关于星空故事已经足够多了。我们仍然需要知道恒星到底是什么。

对此，人们认真地想了很久。有

飞上天，所以很长一段时间都搞不清楚这个天花板有多高，是什么样子。它是像石头一样坚实厚重，还是像玻璃一样纤薄脆弱？为什么白天是蓝色的，夜晚是黑色的？

些人认为它们是天花板上的小孔，光线可以从中滤出。其他人则认为星星是钉在天空中的金银钉头。但是，他们都同意，天空是一个硬的圆顶形天花板。这就解释了为什么星星从未移动过。日复一日，年复一年，星团或星座都没有丝毫变化。似乎它们被牢牢固定在或"钉"在了什么上面。

毕竟，如果星星像尘埃一样飘浮在空中，它们会无法保持原位，星座也会改变形状。但因为星座被牢牢"钉"住，天空显然是固态的。如果它是固态的，那么你就可以飞上去用手触摸到它。

唯一的问题是，当时的人还不会

天空能被刺穿吗?

让我们试着"穿透"蓝天。让我们进入火箭,向上飞。

火箭的嗡嗡声开始越来越响,发出震耳欲聋的轰鸣声,机体颤抖着平稳向上移动。

火箭外的地球开始向下消失。

面板上高度表的指针显示1千米、1.5千米、2千米……

看起来好像我们要撞到云了。我们甚至有一瞬间感到害怕。但是,当然,我们不会撞到它们。云朵柔软如烟。

我们现在在3千米的高度。

云团围绕着我们。它们多么美丽!它们就像巨大的奶油山或巨大的棉花团。

在云层之间,你可以看到地面上的房屋和树木。从这么高的高度看,它们就像玩具。

我们继续向上。我们现在处于10千米的高度。我们已经把云层远远地抛在了下方。它们现在看起来就像从房子的顶层看到的雪堆。你仍然可以看到云层之间的地面,但只是像雾一样模糊。房屋和树木融合在一起,你只能看到森林、田野、湖泊和城镇都成了灰色的斑点。

头顶的天空现在非常晴朗,不再是蔚蓝色,而是深蓝色。

我们很快就会到达"天花板"。可能是让火箭放慢速度的时候了,不然我们会撞上它。

但是火箭越飞越快,开始有点吓人了。

让我们看看舷窗。"天花板"现在一定很近了吧?

看,这是怎么回事? 深蓝色的天空并没有越来越近,而是奇怪地消散了。它从深蓝色变为深紫色,并且一直在变暗。我们离地面有40千米高!

天空几乎变得漆黑如夜。

你甚至可以看到星星。现在是中午。太阳很耀眼,但它旁边有星星。

发生了什么? 蓝天去哪儿了?

它不在我们上方,也不在右边或左边。也许它在下面? 让我们往下看。地球还在那里。云在它上面，就像地板上的小棉球一样。但地球和云层，都笼罩在浓浓的蔚蓝色雾气之中。

所以这就是蓝天的去向。它在我们下面！当我们向上移动时，我们不知不觉地"穿透"了它，仿佛我们穿过了一个千疮百孔的屋顶，现在已在"蓝天之上"了！

看起来，地球上空的蓝天就像沼泽上的一层晨雾。而蓝天并不那么稠密：它只有大约 30 千米厚。而且它一点也不难刺穿，但刺穿它不会留下任何洞。怎么可能在轻烟或薄雾中留下一个洞呢？

似乎有两个完全不同的天空。离我们较近的一个是天蓝色的，而"在它后面"的另一个是黑色的。但我们认为是同一个"天花板"日夜变色。

看起来黑色的"天花板"在白天也是黑色的。更重要的是，它总是在同一个地方，不论白天还是黑夜。星星总是在其间闪耀，但在白天，它被蓝色的薄雾挡住了，以至于我们看不到它。

但是，到了夜晚，蓝天发生了什么？什么也没有发生。它只是在晚上变得透明和隐形。

蓝天是空气。就是和我们在其间呼吸，鸟和飞机的翅膀在其间飞行的同样的空气。

空气是透明的；但不完全透明。它总是含有大量灰尘。天黑时，灰尘不可见。晚上我们看不到它，就认为我们上方没有空气。但在白天，太阳照亮了空气，飘浮在空气中的每一粒尘埃都开始像小火花一样闪耀。空气变得混浊。

还记得吗，在阳光光束射入的黑暗房间中，空气看起来是如此的尘土飞扬。

但是现在我们头顶的黑色星空是什么？它离我们很远吗？

我们继续飞离地球。我们已经飞行了很长时间。

我们现在是海拔 10000 千米。我们并没有更靠近星星,但从这里可以很好地看到地球。你现在可以看到,地球完全被蓝色薄膜状织物包裹着。

我们已经知道这是混浊的空气,但对地球上那些在气膜里的人来说,它是蓝天。他们此时在这个"屋顶"下,看不到星星,但我们可以看到。

外层的空气膜逐渐消失,但即使在距离地球 3000 千米的地方仍然有空气存在。确实,它现在很稀薄。

但是再远一些的地方呢?

再远一些,就没有空气了。只有真空。

什么是真空?它与空气有何不同?

事实上,它们有很大的不同。

我们可以在空气中呼吸,但在真空中却不能。在真空里,我们必须穿上被称为太空服的特殊气密橡胶服,并从绑在我们背上的气瓶中将空气泵入其内。

空气可以温暖也可以寒冷。这就是为什么我们在空气中,有时感到温暖,有时感到寒冷的原因。在真空里总是很冷。你必须穿得很厚。在真空里,你仿佛站在一堆火前面,置身于一片冰冷中:一侧是阳光温暖,另一侧是寒冷的黑色星空。

如果你在无风的天气里把鸟的羽毛扔到空中,它不会飞走,而是会在附近飘落。空气阻止它飞走,但在真空中没有空气来阻止它——在那里,我们的羽毛可以飞得很远。

鸟儿在空气中飞翔。如果没有空气,它们就只能在地上行走,因为它们的翅膀没有了用处,不能再依托空气。飞机也不能在真空飞行。

"包裹"着空气的地球四周是真空,被称为宇宙空间,或简称太空。

而且看起来,无论我们在这个宇宙空间向任何方向飞行多久,一个月、一年还是一千年,我们都永远无法到达它的尽头或"黑色天花板"。

太空中的地球就像一座漂浮在浩瀚海洋中的岛屿。

从地球上可以看到太空中的其他"岛屿":月球、太阳和星星。你可以飞到它们那里,但它们之外更远处,依然是黑色的宇宙空间。

宇宙空间是无限的,没有石头或水晶做成的"黑色天花板"。

所以,只有蓝天才能被"刺穿"。这一点都不困难。蓝天离我们很近,像烟或薄雾一样"柔软"。

太阳和月球是由什么做成的?

人们开始在太空飞行是近期的事情。1961年,尤里·加加林成为第一个飞到太空的人。

然而,在人类被送上如此危险的旅程之前,我们必须先了解一些关于太空的知识。

地球上的人们是如何探索黑色的夜空、月球、太阳和星星的?即使你整夜仰望天空,它仍然像一个天花板,太阳和月球像扁平的发光圆盘,星星像亮点。

你如何才能更近地仔细观察它们?

你可以通过放大镜检查一张纸上的墨点。你尝试过吗?一眼看过去,那不过是个普通的墨点而已,但如果你通过放大镜看,墨点变大呈纤维状,纸也不再光滑,而像是粗糙的毛料。

如果你通过放大镜看你的手指,它看起来又大又肥,每一条折痕都看得见。

但纸上的墨点和手指都是距离我们很近的东西,可以用放大镜仔细看。而你却不能用放大镜来研究天空,对吗?

然而,也有研究天空的放大镜。

你用过双筒望远镜吗?你很可能用过。双筒望远镜也是"放大镜",但你不必将它们紧挨着物体。你可以通过双筒望远镜看到远处的一切。

用双筒望远镜看街道的另一边。它变得更近更大,不是吗?

小的观剧镜把东西放大三倍,大望远镜,比如水手用的,把东西放大八倍。通过这种双筒望远镜,月球看起来很大,就好像我们飞近了它八倍。我们甚至可以在它上面辨认出许多以前看不到的不同小点。

但是如果你制作出非常大的双筒望远镜,像橱柜一样大,会发生什么呢?它们很可能会让月球显得更近,仿佛就在你的鼻子前面?的确是这样的。

但是,你甚至不需要制作一副双筒

15

望远镜，一个用于右眼，一个用于左眼。你可以只用一只眼睛看天空。

于是人们制作了"半个"双筒望远镜，它不是一个橱柜大，而是一辆公共汽车那么大。

这个带有透镜的巨大管状物被称为望远镜。

它太大了，以至于二三十人都抬不起来。因此，这个望远镜必须被放到一个巨大而坚固的架子上。它不是用手转动，而是由电动机和许多齿轮带动。

每个望远镜都会有一座石屋子，或大圆塔来安装它。

这座塔的屋顶是可移动的。当你想看天空时，屋顶被移到一边；当你完成工作离开时，屋顶是关闭的，这样雨就不会落在望远镜上。

望远镜是个复杂且昂贵的仪器。

但它能把东西放大数百倍，甚至数千倍，这是件多么美妙的事情。通过这种望远镜，你可以阅读1英里外的一本书！这本书似乎只有一步之遥！

在这些被称为望远镜的奇妙管子帮助下，人们巡视了整个天空，仔细观察了太阳、月球和星星。

人们已经发现了许多关于地球周围的有趣事实，望远镜帮助了他们的工作。

看起来太阳是一个巨大的球体。月球和星星也是如此。星星因为距离我们很远，因此看起来像一些小小的点。这好比一盏大路灯，在数千米之外看起来也只有小小的一个点。

空间中的所有球体都被称为天体。它们非常不同。

例如，太阳主要由火组成，内部没有任何固体。如果有一个像太阳一样大的巨人，可以用一根棍子轻松刺穿它，就如篝火一般。这不会伤害到太阳，但棍子会立即着火燃烧。

恒星很像我们的太阳。它们也是由火构成的。像太阳一样，恒星也是巨大的火球。它们中的许多甚至比太阳还要大。只是因为太阳离我们更近，所以我们觉得它更大，更亮，更热。恒星离我们比太阳要远得多。这就是为什么它们的光很弱并且它们不散发热量的原因。

月球也是一个球体，它像地球一样坚硬、寒冷，由岩石构成。月球不发光。寒冷的岩石不能发光。月球在天空中可见，只是因为它被太阳照亮。如果太阳熄灭了，月球也会熄灭。

如果我们在一张纸上将月球、地球和太阳并排地画出来，月球和地球能很好地画在纸上，但太阳不能。它必须得画成像橱柜那么大，因为与地球和月球相比，太阳非常巨大。

太空中的天体彼此相距很远。如果把地球想象成樱桃那么大，月球则距离地球半米，有豌豆大小，太阳则距离地球200米，有橱柜大小。而类似于太阳的，距离地球最近的恒星，有橱柜大小，在距地球

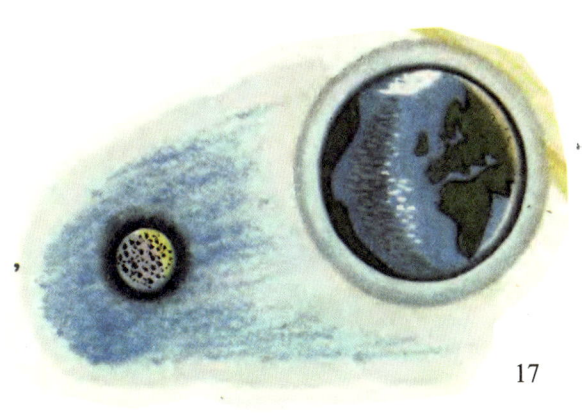

17

数千千米之外，有苏联到澳大利亚那么远。

那就是天体之间的距离。

月球离我们最近，但即使是最新的图-154喷气式飞机也需要飞行整整两个星期才能到达那里。

举例说，想象一下列宁格勒①。步行穿过这座大城市需要整整五个小时。一辆汽车可以在三十分钟内穿过它，而最新的喷气式飞机在一分半钟内飞过它。飞机就有这么快。

但以这种速度飞到月球需要两周时间！在一分半钟内我们飞过了整个城市，一个小时内我们飞过了四十个列宁格勒，二十四小时内我们飞过了一千个列宁格勒！但是想象一下以如此惊人的速度旅行两周！

月球虽然离我们很远，但它仍然比所有其他天体都要近得多。这就是为什么它被称为地球的卫星。如你所见，所有其他天体都离地球要远得多。乘坐飞机飞到太阳需要15年时间！如果离开时进入飞机的是学童，返回时他们已是长着胡须的成年人了。

你永远不可能以这种速度飞至遥远的恒星。因为才刚飞了全程的一小段，你就已经老了。

宇宙是多么广阔！

然而其间全是虚无的！

太阳是如何悬浮在这种虚无之中的？为什么月球不会垮掉？地球靠什么支撑？

①译者注：即今圣彼得堡。

太空中的一切靠什么支撑？

如果你拿起一个球然后张开双手，球会立即掉到地上。它不能停留在空气中，对吗？它必须得到某种支撑。它要么躺在地板上，要么漂浮在水面上，要么挂在绳子上。

地球上的一切都需要某种支撑，如果没有，它就会掉下来。

你不同意？这不一定适用于气球或小绒毛？你是对的。它们甚至可能向上飞，但这只是因为气球和小绒毛是由空气支撑的。它们很轻，可以飘浮在空气中，就像一块木头漂浮在碗里的水中一样。若试着把碗里的水倒出来，这块木头则会立即沉到底部。空气也是一个道理。如果地球上的空气全部被抽走，所有飘浮在空气中的物体都会沉入"缥缈海洋的底部"，即俗称的地球。当然，这包括气球和小绒毛。鸟类和飞机将无法飞行，因为它们也需要有空气支撑。

如果没有了支撑，世界上的一切都会往下掉。

但在太空中没有支持。它是空的。地球不能躺在或飘浮在其中。

我们巨大而沉重的地球、月球、太阳和星星在没有支撑的情况下，如何在太空中存在？

为什么地球不往下掉？

往下掉？谁说没有？

这便是要害和重点！地球带着我们一起不断坠落，朝下飞向无底的悬崖。

但怎么会这样呢？住在一个下坠的球体上是很可怕的。当你跌倒时，你最终总会落在某个地方。

地球将向哪里坠落？它将落到什么上面？

一切都会落向何处？

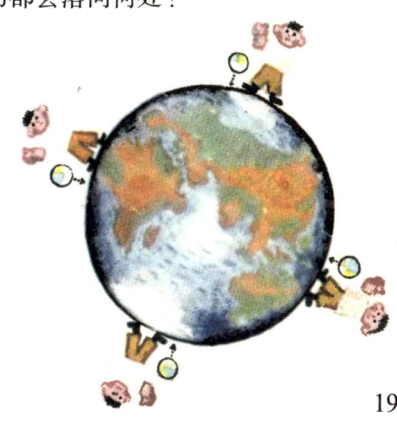

哪里？向下！但哪里是向下？

多么奇怪的问题！向下，在下面的某个地方。

好吧，让我们画出整个地球。地球是球体吗？是的。人类遍布全球吗？是的。

所以我们画了四个男孩，在这个球体的每一侧。所有的球都会掉落到地球上，他们都会说球是向下掉的。

但是这四个下落的球中，只有一个在我们的图里是被画成向下掉的。第二个球落到右边，第三个球落到左边，第四个甚至向上落下。

但是如果你转动图画，第四个球就变成向下掉，第一个球则向上掉。

因此，"向下"可以表示任何地方：向下、横向和向上。"向下"意味着朝向地球。

地球上的所有东西都会落到地球上，它们从各个方向飞向地球。

地球吸引着它周围的一切，就像磁铁吸引铁钉一样。事实上，这不仅仅适用于地球。所有的物体都相互吸引，但因吸引力太弱而无法产生任何影响。橱柜吸引沙发，但吸引力太弱，根本无法使它产生位移。它甚至不能移动一个球。

房子对橱柜有吸引力，但不能移动它。山对房子有吸引力，却也移动不了房子。

但是地球比其他东西要大得多，它对所有东西的吸引力都非常强烈和明显。地球如此强烈地吸引着橱柜，把它牢牢抓住，以至于我们无法移动它。你以为这是因为橱柜重吗？重，其实意味着"被地球的引力强烈吸引住"。

如果地球突然停止吸引它上面的一切东西，我们的橱柜就会从地板上升起，在房间飘浮，就像水族馆里漂浮的食物小颗粒一样。

它不会再沉重，而是像气球一样轻。

因此，所有物体都相互吸引，但更强大的物体获胜，更弱小的物体会飞向更强大的物体，并落在它上面。

这样，小物体总是落在大物体上。

现在让我们回到我们的问题：地球在太空中往哪里落？

往月球？不，月球比地球小。往星星？它们太远了。往太阳？当然，就是往太阳！

小物体总是落在大物体上。与太阳相比，我们巨大的地球显得很小。

所以，地球正在朝着太阳坠落。

但这太可怕了！太阳是一个火球。这意味着，地球很快就会撞上太阳并葬身火海，不是吗？我们会像在烤箱里一样被灼烧吗？

别担心，你可以朝这个方向掉落，但不会真的撞到它。你可以擦肩而过。

你可曾玩过系在柱子上的绳索？如果你从柱子前退几步，助跑然后蹬地，会发生什么？你飞过柱子。当你抓着绳子绕着柱子旋转时，你会一直觉得柱子对你有引力。这就是为什么你不是直线飞行，而是不断转动并落向柱子的原因。但是你飞得很快，所以你不会急转弯，而是平缓地转弯。这就是为什么，你永远不会撞到柱子，而是在不断地旋转中飞过它。

同样的事情也发生在太空中。太阳好比是柱子，地球是你。

如果地球静止不动，它就会直接向太阳坠落。但这里就是关键要点：地球不会静止不动。它横向飞行，仿佛在加速飞过太阳，飞向远方。地球被太阳吸引并转向它。但它转得缓慢而柔和，因为它飞得非常快。这就是为什么它不会靠近太阳而只会绕着它飞行，就像你抓着绳子绕着柱子

旋转一样。但你不得不时常用脚蹬地,以免停下来。这是因为柱子顶部的环会摩擦,转起来很费力,另外迎面而来的风也会对你产生阻力。但是太空中没有任何东西会对地球产生阻力:没有逆风,没有系在环上的绳索,也没崎岖不平的地面。事实上,那里什么都没有。地球几十亿年来一直绕着太阳转,没有停下来过。

月球以类似的方式在太空中运动,只是它绕地球而不是太阳运动。地球比月球大得多。所以,月球坠向更大的地球,但也是飞过它,而不会撞上。由于月球也是快速地侧向飞行,因此它也不能急转弯。

看起来没有任何一个天体是靠任何物体来支撑的,它们都在不断地坠落到某个地方。这就是它们不断旋转的原因。

月球绕地球转,地球绕太阳转。

但就像地球和月球一样,太阳也不会静止不动。它正在坠向宇宙星际之间的深渊里。

没有一个天体在太空中是静止不动的。它们都在飞往某处。幸好宇宙足够大!

但奇怪的是,当你仰望天空时,你不会注意到天体在飞行。例如,月球看起来好像被固定在天空中。这是因为月球离我们很远。

你有没有注意到,一艘在遥远地平线上的船似乎非常缓慢?事实上,它正在乘风破浪,你根本追不上它的速度。远处的飞机在天空中只是一个小斑点,它在天空中移动得多么缓慢!

月球的飞行速度,比在空中飞行的喷气式飞机快约4倍。想象一下,如果我们站在它旁边,它会如何从我们身边呼啸而过!但从远处看,它似乎只是在爬行。而且你只能通过它旁边的星星来判断它的位移。

星星比月球离我们远很多倍。这就是为什么它们似乎静止不动的原因,尽管实际上它们的飞行速度比月球快得多。

21

为什么太阳升起和落下？

你认为我们可以没有太阳吗？当然不行。太阳照亮并温暖地球。没有太阳的温暖，植物的种子不能生长，树不会枝叶繁茂，地里的庄稼不能成熟。太阳光线为鸟类、昆虫等，当然还有人类带来欢乐。

没有太阳，就会寒冷、黑暗和令人不快。到了晚上，所有的生物都试图躲藏起来，入睡并等待寒冷和黑暗结束。当太阳升起时，大自然苏醒，一片蓬勃生机。

太阳是地球上的生命之源。每个人都需要它，这就是为什么自古以来人们都崇拜太阳，感谢它的温暖，迎接早晨的日出。

看看古希腊人写的关于太阳的美丽故事。

一阵微风吹过。东方的光芒越来越亮。然后，指上沾着露滴的黎明女神厄俄斯打开了大门，太阳神赫里阿斯很快就会从那里出现。黎明女神身着鲜艳的藏红花色的衣衫，扇动粉红色的翅膀飞向充满粉红色光芒的黎明天空。女神将一个金色器皿里的露水洒向大地，露水像闪闪发光的钻石，滴落在草地和花朵上。地球上一片清香。苏醒的大地喜悦地迎接冉冉升起的太阳神赫里阿斯。

光芒四射的太阳神乘坐金色战车从海洋之滨升空，战车由火神赫菲斯托斯制造，由四匹有翼骏马拉着。山顶被冉冉升起的太阳的光芒照亮。看到太阳神，星星们都从地平线上消失，一个个躲到黑夜的怀里。赫里阿斯的战车越升越高。他戴着闪亮的王冠，身着闪闪发光的披风穿过天空，让强大的光芒普照大地，赋予它光明、温暖和生命。

当一天的旅程结束时，太阳神降落到海洋的神圣水域，在那里，一艘金色的船在等待他，这艘船会将他带回太阳国和他在东方的美丽宫殿。太阳神晚上在那里休息，第二天又会再次升起。

这是一个由严寒的北欧斯堪的纳维亚国家的人民创作的故事。

很久以前,还没有太阳或月亮,地球被永恒的黑夜所笼罩。因为没有太阳,花和树不会绽放,地上也没有茂盛的青草。

后来,有位名叫奥丁的强大的神和他的兄弟们一起去了火之国,取了一些火焰,制造了太阳和月亮,它们比众神和魔术师所能创造的任何东西都要美丽。要让太阳和月亮划过天空,就必须要找人来驾驶。

那时地球上住着一个男人,他有一个非常漂亮的儿子和女儿。父亲为他的孩子们感到十分自豪,并认为世界上再也没有比他们更美的东西了。

当他听说天神的惊人创造后,他给他的女儿取名为索尔,即太阳的意思,给他儿子取名玛尼,即月亮的意思。

众神对他的大胆感到不满,并进行了残酷的惩罚。

奥丁把索尔和玛尼带上天,让他们驾驭太阳和月亮。

从此索尔就坐在战车的前座上,驾驭着一对白色的骏马。每天她都驾着太阳划过天空,只有晚上有一点时间休息。

她的兄弟,玛尼,晚上用另一辆战车驾驭月亮。

从此,田里庄稼开始生长,果园里的果实开始成熟,山上绿树成荫,人们欣喜地感谢天神。

但这对兄妹有时会羞愧地哭泣。这时候天空中的太阳和月亮会被薄雾笼罩。

但是太阳真的会移动吗？为什么它会升起和落下，而不是停留在天空中的同一个地方？

你还记得某天傍晚，在一个巨大明亮的灯旁边乘坐旋转木马吗？灯出现在旋转木马前，很快地经过了你，又躲到了旋转木马身后。有一阵子在黑暗中看不到灯，然后它又出现了，再次经过你，照在你身上，然后又消失了。

但是，事实上，灯根本没有移动。它一直在同一个地方发光，但旋转木马在旋转，把你从灯前带走，然后又把你带回来。

地球上的人也是如此。地球并不是简单地围绕着太阳在太空中飞行：它飞行的时候也同时在旋转，就像旋转木马一样，将我们从太阳前带走，然后又将我们带入阳光下。

在我们看来，地球静止不动，太阳围绕着我们转。

这是因为地球实在是太大了。这么大的东西不能像陀螺一样快速转动：它的转动缓慢而平稳，没有吱吱声或搐动。

地球绕轴旋转一圈需要 24 小时。这就是为什么我们没有注意到它在转动。

当你乘坐巨轮横渡大海时，你不会注意到船在转动。

当然，如果能看到岸边，你可以参照陆地发现巨轮在移动。但是如果你看不到岸边呢？如果船在一望无际的大海中航行呢？那么你只能通过太阳来判断这艘船是否已经改变了航向。例如，如果你坐在甲板阴凉的一侧，突然看到自己正逐渐暴露在阳光下，你就知道你的甲板正在转向太阳。

地球也一样。

当太阳从房子或山丘后面出现时，请仔细观察它。太阳似乎在天空中缓慢爬行，但实际上，是我们的地球在阳光下像一艘巨大的船一样在缓慢转动。

太阳只照亮面向它的那一半地球。这时，另一边天是黑的。那里是晚上。然后，当地球转动时，夜晚会变成白天，反之亦然。

为了让你更好地了解地球如何旋转，我们在图上画了一条穿过其轴的线。当然，并没有真正的轴。我们只是简单地想象了这条线。

轴线在地球上对应的点被称为极点。顶部的点称为北极，底部的点称为南极。两极之间的地球中部称为赤道。

你我生活在地球上半部的赤道和北极之间，也就是所谓的北半球。

地球绕太阳转一周需要很长时间。绕太阳一圈需要一整年的时间。在这段时间里，它绕着自己的轴旋转了 365 次。这就是为什么一年有 365 个昼夜的原因。

月球和太阳一样，每天都会升起和落下。如果你仔细观察星星，你会发现整个星空似乎都在缓慢转动。看一颗明亮的星星。现在它在这里，一个小时后它会明显移动，但明天同一时间它又会回到原来的位置。

发生这种情况是因为地球在不断地慢速运动。我们坐在这个巨大的旋转木马上，随着它转动。但在我们看来，世界和太空都在围绕着我们移动。

现在想象你坐在旋转木马的顶部，在它通常有一面旗帜的屋顶上。旋转木马旋转，你抬头仰望天空。房屋和树木在你周围奔跑，但你头顶上的云朵却静止不动，就好像一个"钉子"被钉在这里，其他的一切都被画在纸板上，纸板在"钉子"上

旋转。

地球的极点就像旋转木马的屋顶。如果你我在北极，北极星就在我们头顶。你还记得我们谈到过这颗星星吗？它就是"钉子"。

地球在缓慢地旋转。我们头顶的天空似乎都在朝着我们转，但北极星仍然在同一个地方。

当我们从极地来到赤道，星空会以完全不同的方式移动。从这里看，北极星似乎一动不动地躺在北极方向的地平线上。如果我们站在赤道上向东看，满天星斗会像剧院里的巨大帷幕般壮观地升起，而繁星会同样奔突着向西边的地平线降落。

在赤道上观看太阳和月球如何落下是很有趣的。就像星星一样，它们急剧下降，就好像有人把它们挂在一根线上，浸到地平线后面。

你我既不在极地，也不在赤道生活，而是在这两者之间。这就是为什么北极星不在我们正上方而是偏低一些。这也解释了为什么在我们这个地区，太阳和月球像爬山一样徐徐向上升起，又像滚下斜坡一样落山。

会发生所有这一切都是因为地球是一个自转的球体。

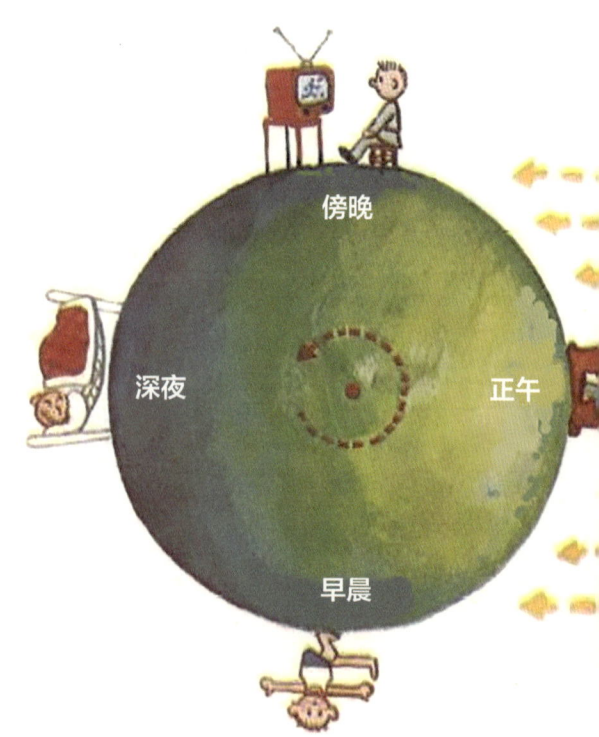

为什么夏天的太阳更热？

  为什么夏天的太阳比冬天的热？也许地球在夏天离太阳更近？如果是这样，那么天空中的太阳在夏天会比在冬天看起来更大。所有物体在更近时会看起来更大，在远处则看起来更小。不论冬夏，太阳在天空中的大小总是一样的。

  距离多远似乎并不重要。温暖我们的东西是炉子。

  你还记得夏天和冬天太阳在天空中的位置吗？在夏天，它爬得更高。太阳在天空中越高，它的光线就越热。下午比早上热，不是吗？更重要的是，夏天的白天比冬天的长得多。在夏天，太阳升得早，落得晚。在夏季漫长的一天里，太阳有足够的时间彻底温暖空气、地球、你和我。这就是为什么夏天比冬天暖和的原因。

  夏季之后是秋季。每天，太阳在天空中都会低一点。它升起的时间越来越晚，而消失在地平线以下的时间越来越早。每天它给我们带来的热量和光越来越少，天一直在变冷和变暗。

  冬天来了。12月，太阳在天空中只出现几个小时，而且你并不总是能看到它。它在天空中很低，隐藏在房屋和树木后面的某个地方。

  那些太阳在冬天变得更微弱，几乎无法升出地平线的北方国家情况更糟。到了12月中旬，太阳已无法升起，天空最多只能亮一个小时左右。然后夜幕重新降临，几天后天空不再发光。有几个星期，它是漆黑、寒冷和阴沉的。

  而且无论你如何让自己平静下来，每次你都会感到害怕。如果太阳永远离开了我们怎么办？如果黑暗和寒冷永远不会结束呢？那时我们将如何生活？我们可以从哪里获得帮助？

在过去，人们会对此感到更加恐惧。他们没有书，也没有学校。他们是无知的，也没有人可以问。

他们悲哀地望着离去的太阳、黑色的悬崖和沉睡的冬林，写下了故事。

在这些故事中，在冬季太阳会长期消失的北方国家被称为波霍拉，一个黑暗而寒冷的环境恶劣的国家，由邪恶的老巫婆洛希统治。

不远处，阳光明媚的卡勒瓦拉国度住着三位优秀的魔术师。

第一个是聪明的老瓦伊纳莫宁。他的歌声非常动听，连林地的动物和飞鸟都会聚集过来听他唱歌。

第二个是伊尔马里宁，一位不知疲倦且技术娴熟的铁匠。

第三个是莱明凯宁，一个无畏而快乐的猎人。

我们的英雄们被生态恶劣的波霍拉国所吸引，因为老洛希有一个非常漂亮的女儿，她坐在彩虹上，在银色织机上编织着金色的布。

我们的英雄依次向美丽的女孩求爱，但她都拒绝了。

老巫婆嘲笑求婚者，让他们接受各种考验，考验一个比一个难，然后把他们赶走了。贪婪的老巫婆最终将她的女儿送给了铁匠伊尔马里宁，因为他为她制作了神奇的三宝磨。你不必往磨里倒入任何东西，也不必转动它。它会自行运转，生产出洛希想要的一切：面粉、盐，如果有必要，还有钱。

伊尔马里宁带着他年轻的新娘回家，结果发现她是个脾气暴躁、邪恶的女人。一天，她在牧羊人的面包里放了一块石头。牧羊人被冒犯了，把他的牛群变成了狼群，狼把邪恶的女人撕成碎片。

于是英雄们决定将神奇的三宝磨从老巫婆手中夺走，因为她为自己囤积了所有的财富，而三宝磨本可以为世界上的每个人带来幸福。

波霍拉国的所有士兵都出来和这些英雄们对战，但老瓦伊纳莫宁开始唱歌，那些士兵们都睡着了。然后英雄们打开了老巫婆的储藏室，拿走了三宝磨，乘船漂洋过海回家。

与此同时，老巫婆醒来，发现她的磨不见了。老巫婆气得发抖，追赶英雄们。她对他们投下一层雾，雾气笼罩了船，但英雄们并不害怕。 老瓦伊纳莫宁拔出他的剑，刺穿迷雾。邪恶的老巫婆又向船投下了可怕的波浪，但英雄们避开了这些浪。老巫婆召唤了风来帮助她。风化身为暴风雨猛扑向船，但无畏的英雄们设法应对了暴风雨。

被激怒的老巫婆召唤了波霍拉所有的人，去追捕那些可恶的陌生人。战斗很激烈,但英雄们仍然活了下来。

但三宝磨落入海中,被海浪冲毁,聪明的老瓦伊纳莫宁将碎片收集起来,把它们在一块空地上拼起来,并说:"让卡勒瓦拉国的土地上充满幸福。"

风立刻停止了对田间庄稼的践踏,霜不再摧毁嫩芽,暴风雨也不再遮蔽太阳。

于是老巫婆决定对英雄们进行最可怕的报复。她想出了一个无人能反抗的计策。

她选择了老瓦伊纳莫宁在树林里唱歌的时间。他唱得太好听了,连太阳和月亮都下沉到松树毛茸茸的树枝上倾听。

然后邪恶的老巫婆偷偷上来,抓住了太阳和月亮,把它们拖回家,锁在了她的地窖里。

天变得又黑又冷。太阳不再升起,没有任何东西能使冰冻的地球变暖。就连月亮也不再照亮山林。

卡勒瓦拉国的日子不再好过。人们开始被黑暗和寒冷压倒。没有太阳的日子很艰难。非常艰难!

老巫婆虽然朝英雄们复了仇,但心里还是有些害怕。她化身为鹰,飞去窥视英雄们在寒冷和黑暗中做什么。他们是已经死了,还是在害怕得瑟瑟发抖?

她飞了下来,她看到了什么?她看到铁匠伊尔马里宁安然无恙,正在他的铁匠铺里制造东西。"你在做什么?"她问。"我正在为邪恶的老巫婆锻造一个项圈,"伊尔马里宁说,"我想用铁链把她绑在铜山上的岩石峭壁上。"

老巫婆意识到自己在英雄们面前是无能为力的。即使是地球上最糟糕的事情——永恒的黑暗和寒冷——也没有杀死他们。她忧郁地飞回波霍拉,打开地窖,放出太阳和月亮。

卡勒瓦拉国再次变得光明而温暖。现在人们不再害怕冬季时太阳躲在山后。邪恶的老巫婆,波霍拉国的

统治者，已经被征服了。她被一个既不惧怕黑暗也不惧怕寒冷的男人打败了。

这是一个美丽的故事，不是吗？

但是现在让我们看看为什么太阳在冬天和夏天不会以同样的方式穿过天空。毕竟，地球总是以同样的方式在旋转。

这是由于地轴实际上是倾斜的。这就解释了为什么地球不像旋转木马那样直立旋转，而是稍微向一侧倾斜。更重要的是，地球总是向同一侧倾斜。这解释了一切。

在我们的图中，地轴向右倾斜。地球围绕太阳飞行，其上半部分，即北半球，有时向太阳倾斜，有时远离太阳。

让我们看看当北半球朝太阳倾斜时会发生什么。

地球带着我们慢慢转动。当我们接近光明与黑暗的边界时,我们看到了日出。图中的这个位置写着"早晨"。

然后我们在旋转木马般的地球上,在太阳的光芒下旅行一整天。中午时分,太阳几乎就在我们正上方的天空中。

又过了一会儿,然后太阳会消失在地平线后面。当我们到了"傍晚"这个词的位置时,它就不再给我们亮光了。

现在看看夜晚有多短。

夏天我们在阳光下度过了多么长的时间,而在暗处度过的时间又是多么短。

这是因为白天太长所以夜晚很短,而且因为太阳直接从上方照射,所以天气变得温暖。夏天快到了。

当太阳移动到地球的另一端时,情况就完全不同了。北半球现在远离太阳而不是朝太阳倾斜。每次地球转一圈,我们都要长时间坐在暗处。旋转木马般的地球只将我们带入阳光下几个小时,然后又将我们带回暗处很长时间。

黑夜变长,白昼变短。白天太阳不再像夏天那样从上面照耀着我们,而是从侧面。它的光线变得苍白,倾斜地掠过地球,微弱地给地球加热。

天气变冷,冬天来了。

如果我们住在靠近赤道的地方,例如在印度,我们永远不会感到寒冷或穿上外套。那里太阳从正上方照耀,一年四季都升得很高。

这就是为什么赤道附近的国家总是很热的原因。它们因此被称为"炎热国家"。

这些国家的居民甚至不知道寒冷和雪意味着什么。

但是在赤道以外,在地球的下半部,也有像我们这样的冬季和夏季。

有趣的是,当我们是夏天的时候,南半球是冬天;当我们是冬天时,他们是夏天。

你可能已经猜到这是为什么了。当地球的上半部分向太阳倾斜时,下半部分会转离太阳;当上半部分远离太阳时,下半部分被太阳光温暖。

我们习惯于一月是一年中最冷的月份,但在澳大利亚,一月是夏季最热的月份。那里五月是秋天,六月是冬天,九月花蕾盛开,万物吐绿,春天来到。

一切都是相反的,因为我们的国家和澳大利亚位于地球的不同半球。我们在北半球,澳大利亚在南半球。

这些都是由于地轴倾斜而产生的有趣的事情。

但是,如果地球像真正的旋转木马一样以"直立位置"在太空中旋转,那么一切都将完全不同。

太阳终年都会散发出同样的热力。不再会有季节。两极附近总是冬天,赤道附近总是夏天。在我们这个地区,它将总是雨雪天,处于春季和秋季的气候。

我们将无法在山上滑雪或在海滩上享受日光浴。我们只能有一种气候。我们将不得不一直穿着橡胶靴走路,并带着雨伞。这会很无聊,不是吗?

我们很幸运地轴是倾斜的!

为什么月球是弯的?

所有的天体都是巨大的球体。这就是为什么太阳总是圆的。

但不知何故,月球只是有时是圆的,大部分时间是弯的。

月球的其他部分发生了什么?它消失到哪里去了?

看看朦胧的街灯。从任何角度来看,它都一样圆,并且像太阳一样发光。

但是栅栏上的那个石球不发光。它被灯照亮,并且只被照亮一侧。

现在通过照亮的窗帘从房间里看石球。你看不到球的黑暗面,只能看到被照亮的那一面,一个看起来像一瓣橘子似的"弯月"。

月球也是一样。你看,月球也是一个黑色的石球。太阳好比是一盏在一侧

照亮它的灯。在蔚蓝的天空中只能看到耀眼的太阳和被太阳照亮的半个月球。月球的阴暗面无法被看到。朦胧的空气掩盖了它和其他星星，但它们整天都在那里。没有人关掉它们！

到了晚上，空气在阴影处。太阳在晚上不会照亮它。失去光亮后，它变得像窗帘一样透明。这时透过它可以看到一切，星星开始闪烁。

有时晚上的空气特别透明，没有灰尘和云彩。于是你可以看到最弱、最小的星星。在这样的夜晚，你还可以看到月球的阴暗面。

为什么月球有时是圆的，有时是较粗的弯月形，有时是像镰刀一样的蛾眉月？因为它围绕着我们转。它就像我们画中被牵着的小狗。

有时小狗的脸很亮，有时只亮了一半。当小狗跑向灯，站在光的对面时，它的脸都在阴影中，你只能看到它那精致、明亮的镰刀般的轮廓，像月球一样闪耀。

月球上有什么？

我们已经知道月球是一个巨大的石球。它雄伟地飘浮在太空中环绕地球。

在望远镜发明之前，人们无法想象月球到底是什么样子。他们只是盯着它，试图猜测。

在银蓝色的月光下，一切都显得神秘。树木静默，池塘在月光下闪闪发光。

月亮是夜晚的童话女王，关于她的故事很多。

以下故事流传于苏联南部的吉尔吉斯斯坦（今吉尔吉斯共和国）。

从前，有一个富有的可汗，他有一个美丽的女儿，名叫月亮。

许多外国求婚者向美丽的月亮伸出手交出心，想娶她为新娘，但可汗的女儿拒绝了他们，只因为她爱着一个贫穷的水手，而他也爱着她。

但是可汗永远不会把他高贵的女儿交给一个普通的水手。于是这个年轻人决定去一个遥远的国家，建功立业，英雄凯旋。到时可汗就不敢拒绝他。

35

水手告别了他的爱人，远航大洋彼岸，美丽的姑娘开始等待他。

过了很久，她的爱人还是没有回来。月亮开始悲伤，晚上去岸边眺望水手是否已在归途。

但他一直没回来。或许他出事了？月亮哭了，日渐憔悴。

老可汗死了，他的女儿独自生活在富丽堂皇的宫殿里。

每天晚上，她穿上婚纱，星辰做伴，乘着魔船缓缓飘过天际。她悲伤地凝视着远方，寻找她失踪的爱人。

这就是月亮苍白而悲伤的原因。

在另一个非常古老的故事中，月亮是一个神奇的银色岛屿，漂浮在蓝色空灵的海洋中，上面居住着奇妙的非人类生物。

但在大多数故事中，月亮是一个活的生命。因为当你看月亮时，的确会觉得它像一张滑稽的笑脸从天上俯视着你。月球上的黑点很像嘴巴、鼻子和眼睛。

人们可以通过望远镜很好地看到和观察月球，但他们想更细致地观察它。

他们开始用火箭将各种自动装置发送到月球，这些装置通过镜头检查周围的一切，并通过电视将信息传给地球。

第一批自动装置无法移动。它们降落在月球上后停留在同一个地点。只能转动它们的"头"。然后科学家和工程师开始向月球发送更多"智能"自动装置。在苏联发送到月球的自动装置中，有些装置可以伸出一根长长的钢"臂"，收集一块月球岩石并将其放入一个小型火箭舱中，然后从月球上起飞并返回地球。因此，可以这么说，"月球碎片"被送到了科学家的"家门口"。我们的其他自动设备有轮子和引擎。月面步行者月球车检查所在方位，并将其发现以图片形式通过电视传送给地球上的人。它由来自地球的无线电控制，并可以在月球上向任何指定的方向移动。科学家和工程师坐在地球上某个房间里的舒适的椅子上，在电视屏幕上观看它，感觉好像自己正在穿越月球。他们甚至可以命令月球车停下来，用它的"手臂"触摸一块岩石，看看是硬的还是软的，并找出其成分。所有这些都非常有趣，非常实用，并且对人们来说非常安全。

自动装置发送了许多关于月球的新的和重要的事实。但是美国人仍然希望将他们的宇航员送上月球。他们为自己设定了最复杂的任务，并为此准备了多年。建造了两打巨大的火箭，每个火箭都有30层楼的大小。大型阿波罗宇宙飞船位于这些火箭的顶部。他们在地球周围进行了多次试飞，然后飞往月球。

1969 年，美国宇航员尼尔·阿姆斯特朗和埃德温·奥尔德林成为第一批踏上月球的人。总共有 12 名美国宇航员登上了月球，最后一名甚至驾驶月球车在月球上行驶。

　　美国宇航员从月面带回了许多岩石样本和照片，更重要的是，讲述了他们的印象。在他们的飞行和我们的月面步行者月球车的工作之后，我们现在完全可以想象我们的月球之旅。

　　火箭在两天内把我们带到那里。

　　我们到达了月球！我们穿着宇航服从宇宙飞船里出来。我们必须穿它们，因为月球上没有空气，无法呼吸，但宇航服里面有空气。

　　月球比地球小，它的引力更弱。这里的引力是地球的六分之一。你可以像举一只泰迪熊一样，用一只手举起你的朋友。

　　我们在这里很轻，我们可以轻松地跳过宽阔的沟渠，一跃跳上高高的岩壁。感觉好像有一个隐形人一直在举着我们。你在这里，不会像在地球上那样跌倒：你会像掉入水里一样慢慢地落下。

　　尼尔·阿姆斯特朗说，如果你不小心脸朝下摔倒，你不会伤到自己，而且你双手撑地就可以起来。他还说，在月球上身体更轻有时会带来不便。

　　太轻的人，脚对地面的抓力较弱，会像在冰上一样滑动。如果你想从静立状态变成行走状态，你的脚会先"打滑"。你必须小步走，然后逐渐加快速度。另外，当你快走时，你不能突然停下来或急转弯。你的脚会打滑，你会继续朝前移动。你必须逐渐停下来。

　　月球上总是非常安静。不管你怎么喊，没有人会听到。声音在地球上通过空气传播。月球上没有空气。你可以在耳边按铃，但仍然听不到任何声音，就好像你是隔着枕头在按铃一样。你只能和其他人通过无线电或手语相互交谈。

　　在你的周围，你都能看到些什么？

这里没有草也没有树，只有沙漠和凹凸不平的地面，仿佛有许多巨石被倾倒在月球上，被微微磨平，上面散落着灰褐色的尘埃。到处都是突出来的石头，到处都是洞。你一个不小心就会被绊倒！

月球上的洞大多是圆形的，边缘凸起，就像战争中爆炸的地雷造成的弹坑一样。称之为陨石坑的大洞被山脊环绕。大陨石坑的底部又圆又平，这就是为什么它们看起来像一个带有看台的巨大体育场或一个巨大的露天马戏场。

月球上方的天空与地球上方的天空完全不同。它不是蓝色而永远是黑色，无论白天黑夜。但是到了晚上，它布满了星星。你也可以在白天看到它们，但前提是你的眼睛得屏蔽太阳和月球上明亮的平原。

你可以在黑色的天空中看到太阳和地球。地球是巨大的，蓝色的，似乎被白色的东西——我们的云——所涂抹。

奇怪的是，太阳在天空中移动，而地球却停留在同一个地方。这是因为月球总是从同侧看地球，就像被牵着的小狗边看着女孩边绕着她跑，你还记得吗？

太阳从一侧照亮地球，这就是为什么地球看起来像一把镰刀。太阳越靠近地球，镰刀就越细。当太阳经过地球时，它看起来像一个美丽的银环。

太阳非常缓慢地滑过月球的天空。这里的白天有地球上的两周长。

在这漫长的白昼中，太阳有时间烧灼岩石，以至于你可以像在炉子上一样用它们做饭。这很方便，不是吗？

但是当夜晚来临的时候要小心！黑夜在这里也持续两周。所有的岩石都很快冷却下来并冻硬。几天后温度下降到零下150摄氏度！而且太阳不会很快出来！在这种"天气"下，还是待在室内的火边比较好。在月球上令人不快，甚至令人恐惧。

什么是行星？

现在是晚上。太阳已经到达地平线，天色有些暗了，但天空仍然很亮，呈现出带有玫瑰红的蓝色。

突然间，一颗银色的星星开始在你的左边和太阳上方闪耀。它逐渐变得越来越亮。天上还没有其他星星。它怎么会出现！现在天色依然很亮。但这颗孤星像一盏小灯一样发光，甚至并不闪烁。

暮色降临，星星变得耀眼夺目。它慢慢下降，仿佛害怕与正在消失的太阳分开。当天色已暗，满天星光时，我们美丽的星星消失在地平线下。

但第二天晚上它又出现了。

就这样过了两个月，这颗星星会逐渐变弱，直到完全消失，但过一段时间，它会在黎明的玫瑰色阳光下再次出现在天际。它将在天空中升起，仿佛在为即将升起的太阳指路。所有的星星早就消失了，但这颗星星还在闪耀。可一旦太阳升得更高，它也会消失。

这个美丽的银星是什么？为什么它比所有其他星星都亮得多？为什么它漫步穿过天空，或追随或引导着太阳。

几千年来，人们惊叹地注视着它，称它为"黄昏之星"或"晨星"。在古代，人们以美丽女神的名字命名它为维纳斯，并为它创造了美丽的传说。他们认为那是一位美丽的少女，驾着由雪白骏马拉着的银色战车，划过天际。

金星究竟是什么？它不是恒星，是行星。"行星"一词在希腊语中的意思是"游荡者"。所有的星星总是在星座中的同一位置发光，但有些星星会慢慢地从一个星座"游荡"到另一个星座。如果你记下它们和附近星星的相对位置，几天后再去看，你会立即注意到，你的星星已经"悄悄溜走"。

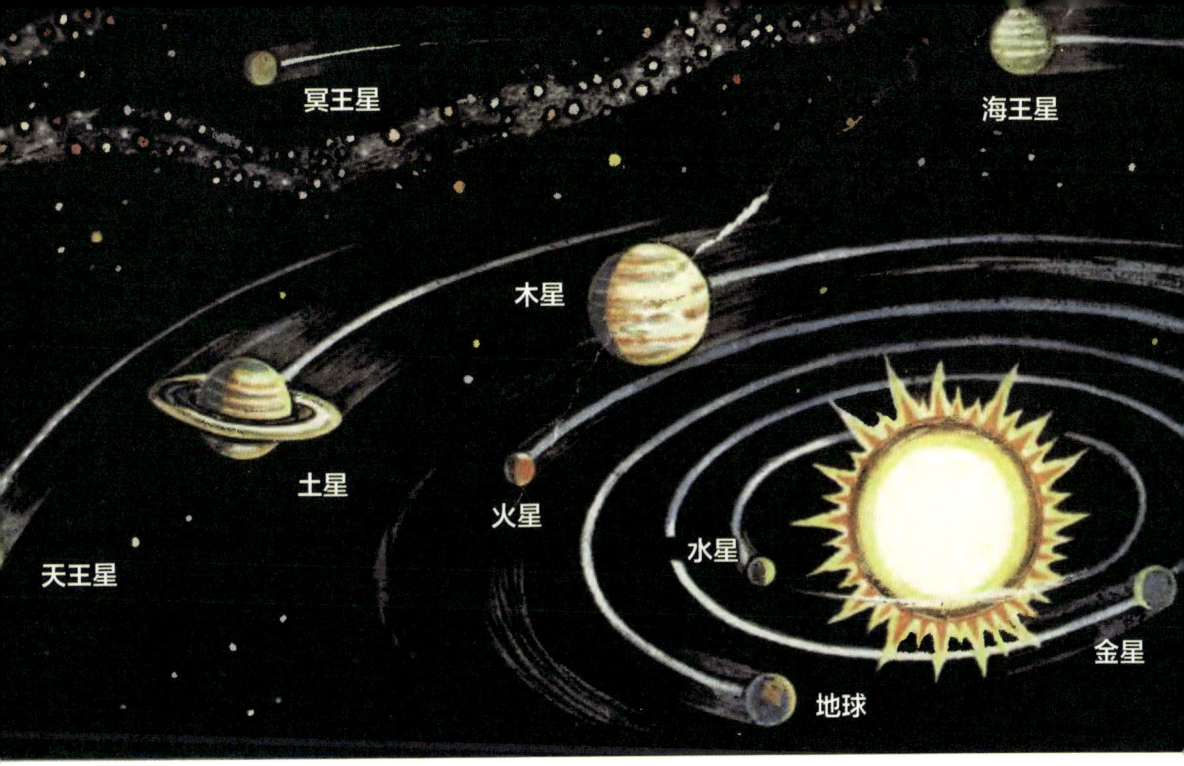

　　人们用肉眼可以看到五颗"游荡者"——行星。通过望远镜你可以看到更多。

　　让我们认识一下它们。但首先让我们在太空中继续飞行。

　　想象一下，我们乘坐巨大的宇宙飞船飞到离太阳很远的地方。我们飞得很远，以至于太阳看起来不再像一个大的黄色圆盘，而只是一颗非常明亮的星星。

　　而这颗明亮的星星，和其他更远的星星一起，缓缓而庄严地飘在太空中。

　　现在让我们仔细看向太阳。我们可以在它附近辨认出几颗小星星。它们伴随着太阳，前后左右环绕着它。有些比其他的更靠近太阳，而我们的地球就在它们中间。

　　让我们用望远镜观察它们，你可以看到地球轨道内的行星，常常呈"镰刀型"，就像一个小月球。因为它们不像恒星那样是炽热的球体，而是被太阳照亮的黑暗、坚固的石球。

　　行星不发光。它们只在明亮的阳光下"发光"。它们就像月球一样。

　　如果太阳熄灭，所有行星也会立即熄灭。

　　让我们看看行星是如何运动的。它们都围绕太阳旋转，但从这里看过去，它们的移动速度非常缓慢。你甚至可能误以为它们原地不动。我们绘制了每个星球在一年中遵循的路线。

　　水星是一颗"快速"的行星，每年围绕太阳旋转多达四次。金星是一颗更"稳重"的行星，它只绕太阳公转两次，地球公转一次。"懒惰"的火星只转了半圈，剩下的就更少了。

　　行星永远不会相互碰撞。每个都有自己的行程、巡回线路，或者，常说的，在太空中的"轨道"。

　　没有一颗行星会离开太阳。它们都永远与太阳相连。它们都是一个幸福大家庭中的一员。这个家庭组织得非常好。太阳是一家之主，这就是行星家族被称为太阳系的原因。

现在让我们返回并飞向行星们的"心脏"。让我们降落在我们的地球上，从地球上看其他行星。有些离地球更近。有些在太阳的那一边，有些则在相反的一边。

但它们都离得很远。这就是为什么没有一个行星在天上看起来像月球。它们看起来都只是亮点，这就解释了为什么它们可能被误认为是恒星。

当然，离地球最近的行星们你能看得最清楚：水星、金星、火星、木星和土星。通过一副好的双筒望远镜，美丽的金星看起来像一把小镰刀，类似于月球。你立刻意识到这不是一颗真正的恒星，而是一个被太阳照亮一侧的黑暗球体。

水星更难被看见。

它离太阳很近，太阳的光线是如此明亮以至于让水星很难被辨认。水星，这颗明亮的小星星，只能在落日的光线中被短暂地看到。它追赶着太阳，仿佛害怕落在它后面，迅速消失在地平线上。有时，水星和金星一样，可以在早晨看到。它在太阳即将升起的地方突然出现在地平线上，然后爬得更高些，半小时后消融在黎明的光线中。

水星相当"善变"：在所有行星中，它是最快和最敏捷的。它一会儿在这儿一会儿在那儿，迅速出现和消失。

古希腊人曾经说过，忙着赶路的人应该向水星学习。这就是为什么所有的旅行者都将水星视为他们的守护神。商户也是如此。你看，商家总是急于尽快交付货物。交货速度越快，货卖出去的速度就越快，赚钱的速度也就越快。因此，水星也成为贸易的守护神。

通过颜色很容易将火星与其他星星区分

开来。在蓝白色的星星中，火星看起来是亮橙色的。亲眼去看时，请记住它在天空中和附近星星的相对位置。几天后你会看到它是如何移动的。

火星在颜色上好似火焰或篝火。看着这颗橙色的星球，人们会不由自主地想起战争时期摧毁他们家园的大火。

人们害怕火星。他们相信，当它出现在天空中时，会给他们带来战争和灾难。

另一方面，军队统帅们将火星视为他们的保护者，并希望它能帮助他们征服敌人。

你不能每年都看到火星。它绕太阳公转的周期是地球的两倍。很多时候，我们的地球在太阳的一侧，而火星在另一侧。

我们看不到它，是因为太阳很亮。在白天，你甚至不能在蓝天中辨认出太

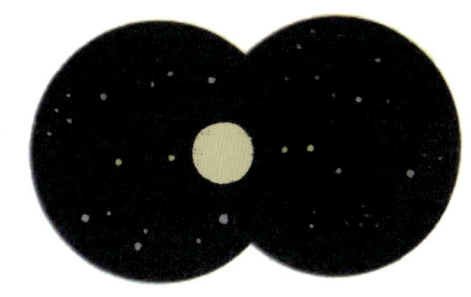

阳旁边的一颗明亮的星星，对吗？当然不能。然而，当火星在我们这边时，它在夜间清晰可见。有时它非常靠近地球，变得又大又亮。

我们只能在晚上看到火星。你应该在白天太阳穿过的那部分天空寻找它。

木星有时也会在夜间出现在这部分天空。它是一颗耀眼的白星。不同于真正的恒星，但和其他所有行星相同的是，它不会闪烁，而是像小灯笼一样均匀发光。

通过强大的双筒望远镜观察木星非常有趣。你可以看到四颗很小的、非常不明显的星星排列在它的两侧。记住它们的位置，并在第二天，甚至如果你做得到，在同一天的几个小时后，再次观察它们，你会看到小星星们已经改变了位置。左边的那颗现在移到了木星的右边，靠近木星的那颗现在已经离开了。这些是木星的卫星，它的月球。它们围绕木星旋转，每次你看木星时，你都会发现它们在不同的地方。

离木星最近的一颗移动得最快。

木星及其卫星非常像一个"迷你太阳系"。因此，当你通过双筒望远镜观察木星时，你会很好地了解以太阳为中心的行星家族。

土星也像一颗明亮的白色恒星，但它的亮度略低于木星。它是最美丽的行星——稍后你会明白为什么。

如果我们可以将行星聚集在一起，并在一个巨大的尺子上排列它们，我们会看到它们的大小各不相同。有些比我们的地球小，有些则大得多。

水星是最小的行星，木星是最大的，但即使是木星，也比太阳小很多，太阳是如此之大，以至于无法绘制在我们的图纸上。

我们在水星旁边画出月球做参照。它甚至比水星还要小。

你看到所有的行星有多么不同了吗？

但是你认为你在哪个行星上生活会有什么区别吗——在较小的行星上还是较大的行星上？

你认为大的更好吗？那里有更多空间？还是在小行星上？那里你可以更快地"环游世界"？

先不要忙着做决定。这并不像看起来那么简单。

行星越大，它对一切东西的吸引力就越大。在一个大行星上，所有东西都更难被举起，因为所有东西似乎都要重得多。

例如，木星对物体的吸引力几乎为地球的三倍。在木星上，我们要站稳脚跟并不容易。我们会觉得好像我们每个人都被几个手提箱压得喘不过气来。

当然，我们的腿在这样的负荷下会

太阳

冥王星 月球 水星 火星 金星 地球 海王星 天王星 土星 木星

43

支撑不住。

但不仅仅是我们会发现难以忍受木星的引力。木星上的砖房也会倒塌，因为房子地基的砖会崩塌。你知道吗，木星上一栋五层楼的房子会和一栋十五层楼的房子一样重。

在木星上，铁轨会在柴油火车的重量下弯曲，飞机的机翼会散架，公共汽车的弹簧和车轮会折断。

如你所见，生活在大行星上并不容易。在那里你需要"钢筋混凝土"的人、"钢"的树和"石头"的动物。

如果是这样，那就意味着小行星上的生活会很快乐！

小行星对物体的吸引力较小。那里的一切都变得更轻，就像被气球悬起来一样。你可以轻松走路，跑得快，跳得高。你还记得月球吗？

但是不要激动得太早！

你看，如果人们在小星球上的重量更轻，那么石头和其他所有东西的重量也会更轻。小行星对水和空气的引力更小。

你忘记地球被空气"包裹"了吗？你有没有想过为什么这些空气会停留在地球上方？毕竟，如果你将烟草的烟雾吹过一个足球，烟雾会立即散去，空气就像烟雾一样。它也"想要"从地球上四处消散。可它为什么没有消散呢？仅仅是因为地球是强大的，它有力地吸引住了空气并将其保留在附近。但如果地球变得更弱，空气就会立即开始从各个方向朝太空消散，就像房间里的烟草烟雾一样。

所以，空气真的会在小行星上造成问题。小行星没有强大到足以保持空气的程度，空气会逐渐消散。

火星上的空气比地球少得多。那里的

木星

空气很薄。

水星上几乎没有空气，而月球上，如你所知，根本没有空气。很久以前，空气就已全部散去。

在小行星上，空气不是唯一的问题；水也是一个问题。你看，水会蒸发，特别是当它被太阳加热时。水变成蒸汽、雾和云。雾和云已经是空气的一部分。如果空气只被微弱地吸

地球

引，它就会消散到太空之中。

因此，小行星上几乎没有水。

火星上只有一点水，但月球上的水已经全部蒸发了。月球上没有一滴水。即使你拿一桶水到月球上倒在岩石上，这摊水也会很快被蒸发。

火星

你能登陆水星吗？

所以，我们的飞船正在飞向水星。

水星似乎并不自转，而是持久地"一侧"朝向太阳飞奔。但这只是一种错觉。看看这个行星上的斑点。它们从被照亮的一侧慢慢地"爬"向阴影处。这意味着这个棕色的球体仍在缓慢旋转。

水星飞得很快，约3个月绕太阳公转一次，但需要59天的时间才能由于自转而让太阳温暖它的全身。

我们将在哪里着陆？

太阳很近，看起来很大。从这里看太阳要比从地球上看大三倍。这里热得无法忍受。水星被照耀的那一边就像一个熔炉——400摄氏度！而像这样的大热天，要持续三个月！我们的飞船不可能在这里登陆。我们会被烧掉！在这样的温度下玻璃会变软，铅会熔化！

很久以前，水星上所有的水就已经沸腾蒸发了，几乎所有的空气也都消融到了太空中。只有干燥裸露的岩石。白天它们很热，如果你踩到它们，你的靴子就会烧掉。

与此同时，在这颗行星的阴影处，是漆黑的夜晚。非常冷：零下160摄氏度，有时甚至更冷。太阳已经在地平线落下，约30天都不会再出现。水星甚至没有它自己的月球。大自然并没有给它一盏"夜灯"。只有金星在水星的天空中比在我们的天空中明亮得多，它夜间在冰冻的岩石上，间或发出微弱的光芒，但当它消失时，就变得漆黑一片。

不过，你可以安全地降落在这个星球上，甚至可以在它上面散步，当然是穿着宇航服。

当太阳落山时，白天的热量不能立即转变为夜间的霜冻。它必须逐渐变冷。有一段过渡时期，温度正常且宜人，例如15~25摄氏度。

所以，我们将把我们的飞船停在光亮与阴影的边界上，在"熔炉"和"冰

箱"之间，在一个狭窄的地带，那里是晚上，既不冷也不热。

着陆后，我们会四处看看。

水星很像月球！同样阴暗、单调的平原、洞穴和岩石，到处都是同样的，被环形山围绕的陨石坑。只是这里的天空不像月球上那么黑，而是深紫色，因为水星上还残留着非常稀薄的空气。

太阳现在在地平线上。黑暗的阴影从山丘和岩石上延伸出来。暗处的石头已经开始凉了。你可以触摸它们：岩石像加热的炉子一样温暖宜人。

20个小时过去了。以我们地球上的标准来看，这几乎是一天，但在这里太阳刚刚消失在地平线上。它的边缘仍然像群山中心的一座耀眼的"灯塔"般炽烈。平原陷入黑暗。

几个小时后，"灯塔"也将消失。我们周围群山的山巅仍在发光，但它们也将逐渐停止发光。天会变得漆黑并很快变冷。

不过别担心，如果水星自转把我们带进了阴影中，我们可以再次回到光明中，或者更确切地说，回到光与影的边界，如果我们不停地走，我们会一直在这个边界上。

所以这就是我们要做的。我们将乘坐越野车出发追赶太阳。

水星转动缓慢，我们不必每天走很远。半年后，我们将"环游世界"而且不会感到过热或过冷。我们将永远在"恰到好处"的地方。我们很聪明，不是吗？

46

不要惊讶于这个行星有多奇怪。它的轨道略微向一侧偏离。太阳不在中间，而是稍微偏向一边。在轨道上，水星靠近太阳，然后再逐渐远离太阳。当你从水星看太阳时，它会"膨胀"并更强烈地燃烧，然后"收缩"并变得更冷。在这个"寒冷的季节"里，水星的温度只有零下250~300摄氏度！

但水星这些惊人的特点对我们来说非常方便。在半年的旅行中，我们可以休息两次，在同一个地方住两个星期。诚然，当太阳再次出发划过天空时，我们必须每天行驶150~200千米才能跟上它，但这对我们的越野车来说并不困难。

所以现在我们走遍了整个星球，看到了一切。当然，遗憾的是，水星上没有生物：到处都是寂静不动的石头。这是一个像月球一样的死寂世界。

我们会在金星上看到什么？

现在让我们拜访金星，它是距离太阳第二近的行星。

金星完全不像被透明稀薄大气包围的水星。裸露的石头暴露在太阳的炽热或刺骨的寒冷之中。没有任何动静，绝对的寂静。

这里的一切都完全不同。金星被非常稠密的大气"包裹"着，其间有如此多的云，以至于这颗行星似乎完全被白色棉绒包裹着。

数百年来，天文学家一直对这条白色毯子背后隐藏的东西感到困惑。

天文学家都同意金星上一定非常温暖，因为它比我们离太阳更近。

天文学家都意识到金星上总是黄昏。如果有人住在那里，他们头顶上总会有风暴云。他们甚至不会意识到有蓝天、太阳和星星的存在。

科学家们对其他一切都持不同意见，并提出了各种建议。

有人断言，金星是一片无岸的海洋，而且总是下雨。总之，除了水什么都没有。另一些人则反对说那里的水很久以前就蒸发了。金星是一片炙热的沙漠。

其他人试图调和这些对立的观点，声称那里的一切很可能与地球上的一样。有海有沙漠，有山有林，植被因酷暑而繁盛茂密。神奇的动物在茂密的丛林中漫游，奇妙的有翼生物在乌云下飞翔。

不可能找出谁是对的。通过望远镜只能看到白色的"棉绒"球体。

然后射电天文学家加入了这项工作。他们有特殊的望远镜。他们使用了一个非常灵敏的接收器和一个看起来像个巨大碟子的特殊天线。这个天线只在它面对的一侧接收无线电波。

射电天文学家将他们的天线指向不同的方向。似乎所有温暖的物体都会辐射无线电波。当然，这些无线电波不携带文字或音乐信息。如果你捕捉到它们并将它们送入扬声器，你只会听到沙沙的声音。但是这种沙沙声会根据物体的温度而变化。射电天文学家学会了区分这些声音并从远处测量物体的温度。

因此，射电天文学家将他们的天线指向金星，捕捉到金星发出的无线电波，发现金星上方的云很冷，但云的下方有一个坚硬的、几乎炽热的表面！

没有人相信射电天文学家！如果金星离太阳更远，而且被云层覆盖，它怎么会比水星更热？

为了一劳永逸地找出真相，苏联科学家和工程师决定用强大的火箭向金星发送自动装置。它们被称为"自动行星际站"。

这些自动行星际站花了三个月时间才飞到金星。

前两个自动行星际站飞过了金星，第三个到达金星但没有传输任何信息，但接下来的自动行星际站出色地完成了它们的工作。它们飞到了这颗行星上，穿透了它的大气层，降低了速度，打开了降落伞，慢慢地坠入神秘的云层中。当它们下降时，不断地通过无线电传达身上的仪器所产生的"感觉"。

射电天文学家很高兴！事实证明他们是对的！自动站的仪器显示，在这个云雾海洋的"底部"，温度为470摄氏度，就像在燃烧的熔炉中一样。

这些仪器还传递了许多其他有趣的信息。例如，我们了解到金星上的热量在白天和黑夜、夏天和冬天都是恒定的，那里的空气密度比我们的高几十倍，成分完全不同。它对人是有毒的。

降落在灼热的土壤上后，两个自动行星际站甚至拍摄了当地，并通过电视向我们发送了金星岩石的特写镜头。

所以现在我们准备降落在这个完全"不适合生命"的星球上！

但是我们的飞船是防火的，非常坚固。让我们试一试吧！

我们乘坐降落伞下降。太可怕了！我们看不到要降落的地方。云在身下盘旋。如果下面是平原就会平安无事，但万一下面是陡峭的山峰或无底的悬崖呢？

我们的飞船开始沉入云层。四面八方盘旋的白云，在舷窗外奔流，以压顶之势向我们逼近。天已经黑了。

飞船在狂风中摇曳。噪音不断变大。被撕碎的深灰色云层在外面打转。

我们已经下降了半个小时。天色变得更黑了。

它砰的一声撞到了地面。飞船翻了个身，滑到了某个地方，侧面摩擦着岩石，再次砰的一声停了下来。

似乎一切正常。

我们穿上防火宇航服出仓。

你必须承认，一开始你感到相当害怕。风景非常惨淡：单调无味的石质沙漠向四面八方延伸。没有池塘、灌木丛或生命迹象，只有一动不动的裸石。在我们的头顶上有一层均匀的深灰色的云层。

光线暗淡无影，就像地球上阴沉的秋日。空气混浊，看起来有点黑。远处的岩石融入了这片灰色的晦暗中，地平线也看不见了。

但这里不是像月球或水星那样的死寂世界。在这里，如果你环顾四周，可以看到一些东西在移动。空气在慢慢"流动"。你不能称之为风。我们地球上的风又快又猛又反复无常。在这里，你仿佛置身于一条大河中，它始终平静地流向同一个方向，温柔的水流追赶着你，涓涓淌过懒洋洋的小鹅卵石。在薄雾中，你可以不时看到浑浊的微尘如溪流缓缓飘过。如果你眺望远方，石头会微微摇摆，就像在地球上，当你透过篝火上方的热空气看东西一样。你会敏锐地感觉到空气是多么的稠密。当你踏到地面时，一股"雾"会从脚下升起，而气流会慢慢将它带走，就像地球上河流底部的淤泥。在这里很难站起来：气流压在你身上，好像有人把他的手掌放在你身上，轻轻地，但坚持不懈地推着你。顺流而行很容易，但逆流却很难。你必须弯下腰，寻找落脚的地方。你很快就累了。

你在太空服里仍然感觉不到热量。只有你的脚已经开始感到热了，尽管你的靴底很厚。

我们进行了第一个实验。从随身携带的烧瓶中倒出半杯水。仿佛到了炽热的火炉上一般，水瞬间飞散成疯狂的水珠，嘶嘶作响，飞溅在岩石上，迅速蒸发成一股股蒸汽。几秒钟之内，石头就变干了。

我们还有一块铅。把它放在一块石头上。这块灰色的金属几乎一下子就融化了，变成了一个银色的池子。

让我们试着挖个洞。我们翻转一些大石头，打碎下面的土壤，然后用铁锹铲除。我们艰难地在岩石土壤中挖了半米。在洞的底部，铅块没有融化，这意味着"炙热的星球"只是金星表面薄薄的一层，在地底下"更冷"。在那里温度"只有"大约300摄氏度。

我们离开宇宙飞船仅仅过去了几分钟，但已经感觉很热，即使是穿着宇航服也是如此。

我们回到宇宙飞船。让我们快点离开吧！

我们按下一个电钮，一个气球在飞船的上方被吹起，飞船与地面分离并开始"飘走"。

透过舱窗，你可以看到外面是如何逐渐变亮的。接着，刺眼的阳光猛地射进了机舱！我们的飞船像从水中拔出的软木塞一样冲出云层！我们又回到了习惯的、凉爽的、半透明的、光芒四射的宇宙。这里多好啊！

那就是金星！但我们不会放弃希望。

地球的海底也不是很舒服。那里总是寒冷而黑暗，但没人强迫海洋生物们在海底漫游。需要在陆地上行走的狗和猫并不生活在那里。鱼生活在那里。很多鱼甚至不知道海底的存在，因为它们从未去过海底。它们一生都在靠近水面的地方游泳。

金星上方的空气与地球上的海洋有些相似。

在金星的云层顶部并不热，那里的空气密度大约与地球表面一样。当然，我们不能飘浮在空中：我们会沉下去。

一只鸟可以借助它的翅膀支撑自己，但它必须不时休息。它可以落脚在哪里？毛茸茸的小昆虫则完全不同。它们可以像尘埃一样飘浮在这种空气中，甚至不需要扇动翅膀。

这种微小的"类似尘埃"的生物很可能生活在金星的云层之上，对它们来说，下面非常热并没有什么区别，因为它们从不到下面去。

简而言之，金星需要更多地被研究。人会飞到这里，但不会下降到云雾海洋的底部。他们要去哪里？他们将乘坐气球和飞艇飘浮在云层之上。他们将放下各种防火仪器，用雷达装置探测行星表面，并将绘制金星地图。也许他们会发现峰顶不那么热的高山。也许在两极是凉爽的。

一些科学家已经提出，金星也许可以被"改造"变得适合居住。为达到这个目标，他们建议将某种类型的细菌释放到金星大气中。

它们飘浮在空中，会迅速繁殖并散布到整个星球上，在几年内改变金星上的空气成分。大气将变得透明。

然后行星表面会逐渐变凉爽，雨水会从云层中倾泻而下。河流、湖泊和海洋将出现，人们将在湿润的土壤中播种。森林将发芽并为空气提供氧气，使生物可以呼吸。

这将需要数百年的时间，但值得这样做。可能会造出第二个"地球"。

这项工作需要由你来开始。

但与此同时，让我们继续飞行。我们将不做停留地加速经过第三颗行星。你知道，这是我们的地球。我们会向我们的朋友挥手致意，然后直飞向第四颗行星，火星！

火星上有火星人吗？

我们正在飞往火星。它还很远，看起来像一个沙质红色的小球体。

但与金星相比，火星非常不同！它被轻盈、半透明且无云的大气所覆盖。火星没有被任何东西遮挡，因此可以看到它的所有特征。

它的一侧有个非常显著的明亮白色帽状斑点。是这个行星的两个极点之一。极地是每个行星上最冷的地方。帽子看起来好像是一层薄薄的雪。在夏天它融化并在冬天重新出现。

火星的大部分是浅红色的。在此背景下可以看到深灰色斑点。当人们第一次通过望远镜看到火星时，他们称这些斑点为"海"，认为它们是充满水的海洋，就和我们地球上的海一样。

然而，水在阳光下会发光，但火星上却没有任何东西发过光。人们很快意识到这颗行星的黑色部分是完全干燥的。

但是，它们仍然被称为"海"。

如果仔细观察，你有时会隐约看到一些奇怪的黑线以及火星上的大黑点。它们像绷紧的线一样细而直，向不同的方向延展，就像破了或即将破的锅上的裂缝。

科学家们将这些神秘的条纹称为"运河"，虽然他们知道如果"海"是干的，"运河"就不可能装满水，尤其是它们有几十千米宽！

他们注意到火星上的"海"和"运河"在冬天都是苍白的。到了春天，它们变得更黑，好像它们装满了水，有时似乎变成了绿色。到了秋天，它们又变得苍白了。

但同样的情况也会发生在我们地球上的森林。冬天，树木光秃秃的。若此时你从飞机上俯视一片森林，它看起来是灰色、苍白和透明的。然而，在夏季，树木被绿叶覆盖，森林变得更暗。

　　这就是为什么许多人开始认为火星上的黑点是森林，而它们生长的地方是潮湿的低地。

　　很难不相信这一点，因为当火星的"森林"开始变得更黑时，极地的雪盖正好开始融化。先是雪盖附近变黑，接着黑色扩展到越来越远的地方，仿佛融化的雪流遍全球，给植被带来了生机。

　　但它是如何流动的？通过"运河"？但为什么这些"运河"这么直呢？

　　自然界中几乎没有直线。河流蜿蜒，海湾雕刻出海岸线。山有各种形状和大小。

　　但是人类喜欢画直线。他建造直的水坝，因为它们更便宜，他在森林中开辟笔直的道路，因为它们更短。人是理性的，他会尽其所能地把事情做好。

　　因此，一些科学家断定，直的火星"运河"是由理性生物建造的。他们说火星上几乎没有水。它所有广阔的亮点都是干沙。

它没有海洋、湖泊或河流。那里甚至不下雨。但是没有水怎么生活呢？这就是为什么当春天极地的雪盖融化时，火星人会小心翼翼地收集宝贵的水分，并通过某种管道将水输送到种植园、城镇和行星上温暖的地区。

　　管道被造成直的，以便水流得更快。火星人需要被灌溉的菜地、田地和花园位于这些管道沿线，而它们之外则是延伸的贫瘠沙漠。没有足够的水供给整个行星。

　　远远望去，这些如串珠般串在管道上的耕地，宛如神秘的暗色条纹。

　　这一切在想象中是多么美好啊！火星城市！火星宫殿！火星花园盛开！

　　但是当我们接近火星时，我们想象的画面一个接一个地破碎。

　　正如我们所想的那样，行星上几乎所有淡色的地方都是贫瘠的平原。的确，到处都有坑坑洼洼的圆形凹陷，类似于月球陨石坑。然而，"海洋"与我们预期的完全不同。它们不是"被森林覆盖的潮湿低地"，而几乎都是贫瘠的山区。

　　奇怪的是，当我们接近火星时，"运河"并没有变得更清晰：与其他地方一样的山脉、陨石坑和峡谷出现在它们的位置上。

　　这是为什么？为什么山比平原更黑？为什么它们在春天变得更黑？我们认为很有趣的"运河"消失到哪里去了？

　　当我们飞得更近时，火星的"重要秘密"变得更加清晰。

  火星上有很多沙子和灰尘。它们，就像在地球上一样，比裸露的岩石轻。火星上也有强风，将火星上所有突出部分的灰尘吹走，从山脉吹到低地。山脉总是被风清扫干净，因此是黑色的。另一方面，它们脚下的平原经常被沙尘所浸染，因此颜色很淡。

  春天里，雪在极地融化，潮湿的风吹过"春天大扫除"后的行星。山脉看起来"通风"，颜色更暗。这一切都非常简单，完全与森林无关。

  那么，"运河"呢？它们显然是一种视错觉。峡谷、陨石坑、山脉和山脊散布在火星上。在某些地方，它们比在其他地方更密集。有的地方，三四个陨石坑正好排成一排，山脊几乎呈直线延伸，巨大的沟壑如箭一般横穿沙漠。从远处看，所有这些地方在我们看来都像是笔

直的深色条纹。

但到目前为止,还没有任何火星生物进行理性建筑的迹象,而且它们很可能根本不存在。

但我们仍然认为火星不像月球、水星或金星那样是一个没有生命的行星。后者像在熔炉中被加热的巨石一样干燥得无可救药。没有水,任何一种生命都是不可能的。然而,火星非常轻微地"潮湿"。

在我们之前,几个自动行星际站已经靠近火星。其中几个甚至已经降落在它的表面。它们已经有了很多发现。

火星两极的白色冰帽原来主要由"干冰"组成,就是我们在地球上,装冰淇淋盒时会用到的干冰。它们还含有普通的冰冻水。在春天它会解冻并蒸发。水分飘到空气中,被风带到行星上炎热的地方,在那里它晚上以白霜的形式落在冰冻的地面上。在晨光的照耀下,白霜融化,地面会变潮湿几分钟。足够诸如植物或昆虫的生物喝个饱了。

最有趣的是,当它们近距离观察火星时,自动装置发现并拍摄了干涸的河床。这是否意味着不久前火星上还有水流涌动?那些水都去哪儿了?它很可能渗入地下并冻结了?毕竟,火星上很冷。

自动机器也发现了"加热器",可以加热地下的冰冻水。它们在火星上发现了火山。火山已经熄灭,不再喷发。然而,热量仍然从火山周围的地下深处升上来,冰封的大地可能会解冻。如果火山开始喷发,炽热的熔岩从其中倾泻而出,周围的一切都会变暖,水会滔滔不绝地涌出。

　　这意味着火星上的生物可以很容易地从上方的空气和下方的土壤中为自己获取水。

　　这就是为什么我们认为火星上一定还有"某人"。但是谁？当然,有"人"的可能性很小,但很可能有植物和小生物。

　　它们能住在哪里？应该去哪里寻找它们？

　　在地球上,生物生活在地球表面,在那里它们感到快乐,那里有充足的热量和水。而对于火星而言,住在火星的地下,或更温暖、更潮湿的火山口表面似乎是更好的选择。

　　现在我们到了最有趣的部分。飞越火星山脉和平原,自动装置拍下了一系列彩色照片。一些陨石坑的底部是绿色的！或许这就是"火星生命"？也许我们已经可以看到一片绿叶的"地毯",一些令人惊叹的"童话"火星植物,其中有人类不知道的成群的奇怪小野兽？

　　就这样,我们到达了火星。我们选择一个平坦的地方着陆。

　　天空万里无云,呈深紫色,如水星风光,就像在那里一样,如果你避开强光,白天就能看到星星。

　　太阳在天空中非常小：火星上看到的太阳视直径差不多是地球上的三分之一。这就是为什么太阳在这里几乎散发不出一丝暖意。

　　这里通常很凉爽。在太阳下只有大约10摄氏度。到了晚上,天气很快就变冷了。晚上会非常冷：零下100摄氏度。更重要的是,我们处于火星上最温暖的地区。

　　火星上非常安静。

　　那是什么？沙漠开始沙沙作响。飓风来了！这是何等的飓风！沙漠中所有的沙子仿佛都被抽到了空中,像一团暗黄色的云一样奔涌着。整个天空都被这团尘土所覆盖。太阳变黑了。黄昏已经降临。

　　我们躲在岩石下,等待风暴结束。

　　几个小时后它平息了。周围到处都是高高的沙堆。

　　在火星的沙漠中行走很危险！

　　我们环顾四周。一侧是风景如画的广阔沙丘,一直延伸到地平线。另一边,是附近美丽的岩石山脉。

　　我们步行前往这些山脉。

　　当然,我们穿着宇航服。我们必须从气瓶中获取空气。火星上空气的成分和地球上的不同,而且比地球上的空气稀薄一百倍。

　　在这稀薄的空气中,任何鸟类或昆虫都无法飞行。你只能在火星上爬、跑和跳。

　　如果真的有火星生物,它们肯定没有翅膀。

　　人们对火星生物的想象是多么不同啊！有人曾经说它们很可能非常小,类似于蚂蚁。有人则将它们想象成有着触手的奇妙章鱼。

　　有人认为他们肯定像人一样。

　　但如果他们真的存在呢？

不管他们是什么样子，他们可能对地球很感兴趣。如果我们遇到他们，我们会带回一个，向他展示我们的星球。

的确，他会立即因地球上的炎热而无法行走。我们不得不把他放在一个带窗户的小冰箱里，然后推着他到处看看。

当他透过这扇窗户看到地球上的大海时，他很可能会嫉妒得哭出来。你看，这和我们看到蛋糕做成的山、牛奶和蜂蜜的河流是一样的感觉。在火星上，水很可能是装瓶出售的有价值的东西，但在地球上，我们有海洋，而且不花钱。

我们的火星人可能会连续几天欣赏地球上的云彩。你看，他们没有像这样的东西。我们的云有时是那么美丽，尤其是在日出和日落的时候！

我们继续往山上走。这是一条漫长的路。我们的脚陷在易碎的沙子里。

山坡上有什么东西闪着绿色的光，好像岩石上长满了苔藓。

我们现在离悬崖很近了。我们远看以为是苔藓的东西；现在看起来像低矮的灌木。

突然在灌木丛下有什么东西动了！有生物向我们扑了过来，然后消失在灌木丛下！肯定有很多"他们"！他们发现了我们！他们向我们冲过来！

他们是谁？

我们不再多说。你意识到还没有人去过火星。你们自己可以更好地幻想这个星球上的生活。想象你喜欢的。那会更有趣。当你长大后，飞到火星，看看谁是对的。①

---

①译者注：20 世纪 60 年代以来，人类先后发射过数十艘航天器探索火星。1976 年 7 月 20 日，美国"海盗 1 号"的登陆器在火星表面实现软着陆。2021 年 5 月 15 日，中国"天问一号"火星探测器搭载的"祝融号"火星车成功登陆火星，成为世界上第二个在火星上运行火星探测器的国家。迄今为止尚未发现火星上有生命存在的迹象。

木星和土星是什么样的？

我们已经能够登陆水星、金星和火星。虽然环境不是很适宜，但至少我们可以站在一个东西上环顾四周。

但是登陆木星和土星是完全不可能的。

这些行星实际上只由云组成。

例如，木星并非看起来那么大，它坐落在一个巨大的云团内，就像樱桃里的核一样。我们只能看到这个云团，而看不到行星核本身，然后我们惊叹于木星的巨大。事实上，只是它的包装大而已。

但是木星有14颗卫星①，也就是14个月球！其中一些非常大。有两个和我们的月球一样大，有两个甚至和水星一样大。

我们将降落在离木星最近的卫星上。

看它多美！木星是一个巨大的云状球体，有半边天那么大。

它旋转的速度有多快！约10小时就转一圈。

因为它转动得如此之快，木星的云层沿着赤道呈条纹状，就像湍急的江河表面的激流。

这些云流不断彼此超越，旋转和改变形状。

有时可以在木星的白色条纹中的一个地方看到一个奇怪的大红斑。仿佛一股红色的雾气从深处升腾而起，就像河床上的淤泥一样。

①译者注：经国际天文学联合会确认，截至2023年8月21日，已发现木星有95颗卫星。

一朵深红色的云将白色的云流分开,然后旋转,轮流发光和褪色。

也许一座火山正在喷发、消亡,然后在迷蒙的海洋底部焕发出新的力量?

总有一天你会解开木星的这个谜团。

让我们继续飞行。

下一颗行星是土星,它非常像木星:它是一个巨大的云状球体,中心有一个硬核。

土星的周围有环状物。这就是为什么它看起来非常具有装饰性。

但是不要认为土星的环像帽子的边缘一样是坚实的。不,它是由围绕行星运转的微小碎片组成的。

驾驶着我们的宇宙飞船,我们可以飞越这个环,就像穿过冰雹一样。小颗粒只是敲打着飞船的舱壁。

土星无疑是太阳系中最美丽的行星。

剩下的行星就没那么有趣了。天王星和海王星就像木星,冥王星是一颗冰冻、贫瘠的行星,离太阳非常远。它是如此遥远,以至于它约250年才能环绕太阳一圈! 从那里看,太阳只是一颗小而明亮的恒星,当然,它根本不散发热量。

冥王星是我们太阳系中的最后一颗行星。①

冥王星以外的辽阔空间,一直向其他恒星延伸。

但每颗恒星都是一个太阳。

很可能许多这些遥远的太阳都有自己的行星。

其中一些可能就像我们的地球一样,居住着可能与我们相似的人。

但这太遥远了,我们对邻近的行星仍然知之甚少!

①译者注:2006年8月24日国际天文学联合会第26届大会作出决议,将冥王星"降级"为矮行星。

探索行星的更多奥秘

仅仅通过地球上的望远镜观察是很难研究行星的。人们一直渴望自己去那里，亲手触摸一切，或者说，亲眼所见，亲耳聆听。

发现其他行星上是否存在某种植物、动物或生命会非常有趣。人们对在其他星球遇到智慧生物尤其感兴趣：它们会是什么样子？它们会不会像我们一样？

行星是广阔无边宇宙中的小岛。它们相隔数千万甚至数十亿千米。你怎么能从一个行星到另一个行星？通过什么去？

你已经知道飞艇或飞机不适合做这个。飞艇飘浮在空中，飞机由空气支撑。它们只能上升到仍然有足够稠密空气和足够稠密大气的高度。当大气逐渐稀薄消失，你将无法再飞行。就如你爬树，不可能爬得比树还要高。

你的行星之旅，只有最初的那部分是在大气层中进行的，剩下的旅程都是在空旷的太空中。

很长一段时间里，人们不知道如何做到这一点：如何加速，才有足够推动力到达其他行星。随后，杰出的俄罗斯科学家康斯坦丁·齐奥尔科夫斯基宣布，只能通过火箭到达这些行星。

火箭在几分钟内消耗大量燃料。伴随着震耳欲聋的轰鸣声，火焰在下方喷发，以难以置信的力量将火箭向上猛推。

即便是一枚小小的太空火箭，其威力也堪比数千台在铁路上牵引最重火车的柴油发动机！

凭借这种神奇的力量，重型火箭很容易脱离地球并迅速加速。在几分钟内，它设法穿过云层，离开大气层并进入太空。然后它可以任意加速到疯狂的程度。它现在的飞行速度比我们最新的图–154 客机快 50 倍！

一旦它以令人难以置信的速度离开

地球，火箭就会变得更安静。它已经完成了它的"飞跃"，现在将像一块石头穿过沟壑一样飞过空旷的宇宙空间。

石头不是直线飞行，而是呈弧形飞向地球。火箭也不会在太空中直线飞行，而是会转向太阳。这就是为什么火箭必须以这样一种方式发射，当它转向太阳时，它最终会到达目的地。别忘了，它即将到达的行星也不会静止不动。行星绕着太阳飞行，这意味着火箭必须以某种方式被送入太空，可以在几个月后与行星相遇。

这是非常复杂的，但人们已经设法做到了。仅在 1957 年，地球上第一颗人造卫星从苏联拜科努尔航天发射场发射到太空。1959 年，人类已经在向月球进发：苏联月球 2 号站向那里送了一面三角旗。从那以后，苏联和美国的自动行星际站相继探索了宇宙空间。18 年来，它们接近了月球、水星、金星、火星和木星。它们已经登陆月球、金星和火星。在月球上采集了土壤样本，壮观的苏联月面步行者月球车，一次在月球表面游荡几个月。

但这仍不意味着人类就可以乘坐火箭前往火星。

人是一种非常精致和脆弱的东西。将他送入太空，需要像将一条昂贵的活鱼送到世界另一端的动物园一样小心。鱼被放入一罐水中，被喂食且仔细照看，以确保水不会溅出、过热或被污染。

宇宙飞船对人来说是一个"空气罐"，在这个"罐子"里的人比鱼更麻烦。

这就是为什么从一开始，科学家们

64

就尽可能使用自动装置，只在极端情况下才将人送入太空。

发送自动设备以探索太空。在得到所有必要的信息之前，人不能被送往太空。为什么要冒不必要的风险？因此，只有在自动设备侦察完一个区域后，才能在需要时将人类发射到太空。

1961年4月12日，第一个人被送入太空。他就是苏联宇航员尤里·加加林。

1969年7月21日，第一批人类踏上了月球。

对接已能在太空中实现，没有它就不可能进行远距离太空旅行。

苏联的礼炮号、美国的天空实验室和苏联－美国合作的联盟－阿波罗号空间站已发射到环绕地球的轨道上。在其他项目中，宇航员正在研究如何在此类站点上进行远距离飞行。

所有这些都是对行星进行决定性"攻陷"的准备阶段。

在不久的将来，多样化和日益复杂的自动行星际站将飞往水星、金星、火星和木星，并进行侦察工作。当人类确切地知道等待着他的将是什么，他也会飞向其他行星。

但是，对每个行星的首次访问将标志着对其进行适当、彻底研究的开始。毕竟，我们已经研究了我们自己的地球数千年，但仍然不了解它的一切，对于其他星球上的世界更是如此。

需要很多时间来正确地研究它们。数以百计的探险队和数以千计的探险家将在未来的许多年里飞向它们。

如果你愿意，你可以成为其中的一员。

人类非常好奇，这是件妙不可言的事情。